Cahiers de Logique et d'Épistémologie
Volume 24

Un modèle formel de la syllogistique d'Aristote

Volume 19
L'émergence de la Presse Mathématique en Europe au 19ème Siècle. Formes éditoriales et études de cas (France, Espagne, Italie, et Portugal)
Christian Gerini and Norbert Verdier, eds.

Volume 20
Entre l'orature et l'écriture. Relations croisées
Charles Zacharie Bowao and Shahid Rahman, eds.
Préface de Cristian Bernar and Marcel Nguimbi

Volume 21
La sémantique dialogique. Notions fondamentales et éléments de metathéorie
Nicolas Clerbout

Volume 22
Soyons Logiques / Let's be Logical
Amirouche Moktefi, Alessio Moretti et Fabien Schang, directeurs de publication.

Volume 23
Croyances et significations. Jeux de questions et de réponses avec hypothèses
Adjoua Bernadette Dango

Volume 24
Un modèle formel de la syllogistique d'Aristote. Kurt Ebbinghaus, traduit par Clément Lion

Cahiers de Logique et d'Épistémologie Series Editors
Dov Gabbay   dov.gabbay@kcl.ac.uk
Shahid Rahman   shahid.rahman@univ-lille3.fr

Assistance Technique
Juan Redmond   juanredmond@yahoo.fr

Comité Scientifique: Daniel Andler (Paris – ENS); Diderik Baetens (Gent); Jean Paul van Bendegem (Vrije Universiteit Brussel); Johan van Benthem (Amsterdam/Stanford); Walter Carnielli (Campinas-Brésil); Pierre Cassou-Nogues (Lille 3 – UMR 8163-CNRS); Jacques Dubucs (Paris 1); Jean Gayon (Paris 1); François De Gandt (Lille 3 – UMR 8163-CNRS); Paul Gochet (Liège); Gerhard Heinzmann (Nancy 2); Andreas Herzig (Université de Toulouse – IRIT: UMR 5505-NRS); Bernard Joly (Lille 3 – UMR 8163-CNRS); Claudio Majolino (Lille 3 – UMR 8163-CNRS); David Makinson (London School of Economics); Tero Tulenheimo (Helsinki); Hassan Tahiri (Lille 3 – UMR 8163-CNRS).

Un modèle formel de la syllogistique d'Aristote

Kurt Ebbinghaus

traduit par
Clément Lion

© Individual authors and College Publications 2016
All rights reserved.

ISBN 978-1-84890-231-2

College Publications
Scientific Director: Dov Gabbay
Managing Director: Jane Spurr

http://www.collegepublications.co.uk

Printed by Lightning Source, Milton Keynes, UK

All rights reserved. No part of this publication may be reproduced, stored in a retrieval system or transmitted in any form, or by any means, electronic, mechanical, photocopying, recording or otherwise without prior permission, in writing, from the publisher.

Préface……………………..………………………………...…..VII
Bibliographie……………………………………………...........XXIV
Un modèle formel de la syllogistique d'Aristote…………..…………1
Table des matières de l'article original………...............................2
Chapitre 1…………………………………………………...............5
Chapitre 2………...…..….……………………...…………………..22
Chapitre 3………...…..…………………………………………......69
Bibliographie de l'article original…………..…..……………….......96

Préface.

Il serait légitime d'être sceptique quant à l'opportunité de proposer en 2016 une traduction française[1] de cet article de 1964 intitulé « Ein formales modell der Syllogistik des Aristoteles » et rédigé par un étudiant, Kurt Ebbinghaus, qui n'a guère laissé d'autre trace dans le monde académique que ce travail, inscrit dans le sillage des recherches dont s'occupait alors Paul Lorenzen, et que celui-ci abandonnait déjà progressivement au profit de ce qui deviendrait la dialogique. Pourtant, par son contenu, sinon par son retentissement direct dans le domaine des études aristotéliciennes[2], cet article marque une rupture franche, non seulement avec la manière traditionnelle d'interpréter les textes des *Premiers Analytiques* – notamment ceux où Aristote expose sa théorie du syllogisme assertorique – mais aussi avec la manière dont Łukasiewicz avait proposé, en 1951, de reconstruire cette théorie « selon la perspective de la logique moderne »[3]. En accomplissant cette rupture avec Łukasiewicz, cet article, resté discret, préfigure à plusieurs égards la ma-

---

[1] Merci à S. Rahman, pour nous avoir proposé d'écrire cette traduction, à M. Crubellier, pour avoir relu et corrigé cette traduction, et merci à tous les deux pour leurs précieuses indications. Merci également à Zoé McConaughey pour sa relecture de cette préface et ses remarques tout aussi précieuses. Cette préface est en grande partie basée sur l'article « Aristote et la question de la complétude : le modèle formel de Kurt Ebbinghaus », Lion, Rahman, 2016.
[2] L'article a fait l'objet d'une recension de J. Brunschwig, qui tout en reconnaissant son intérêt, avait déploré la lourdeur de l'outillage technique pour un résultat limité. G. Patzig écrit, quant à lui, dans la seconde édition allemande de son ouvrage *Die aristotelische Syllogistik*, qu'il n'aurait pas écrit celui-ci de la même façon s'il avait eu connaissance de la logique opérative de Lorenzen et de l'article d'Ebbinghaus.
[3] Dans l'ouvrage *Aristotle's Syllogistik from the standpoint of Modern Formal Logic*, Łukasiewicz accomplit un travail de pionnier, qu'il ne s'agit pas ici de minimiser, et qui consiste à la fois à relire minutieusement le texte aristotélicien et à s'appuyer sur les acquis récents de la logique formelle pour en valider les résultats. Sur l'importance de cet ouvrage, voir J.B. Gourinat, « Aristote et la « logique formelle moderne » : sur quelques paradoxes de l'interprétation de Łukasiewicz », 2011

nière dont J. Corcoran interprétera la syllogistique, par exemple dans son article de 1973, intitulé « A Mathematical Model of Aristotle's Syllogistic », dont le titre est étonnamment proche de celui d'Ebbinghaus. S'il est vrai que l'étude des textes logiques d'Aristote a été renouvelée et stimulée d'une manière décisive par la découverte que les syllogismes peuvent et doivent être conçus comme des règles d'inférence (et non comme des propositions complexes vraies, comme le suggérait Łukasiewicz), alors la lecture de cet article de 1964 pourra aisément convaincre quiconque s'intéresse à ces questions que cette découverte est bien déjà présente en tant que telle dans l'article d'Ebbinghaus.

Là n'est cependant pas le seul ni le principal intérêt de cet article, qu'on ne saurait réduire à n'être qu'une simple préfiguration des intuitions novatrices que développera Corcoran et qui lui permettront de proposer un modèle formel structurellement très proche de la présentation qu'Aristote donne de sa théorie du syllogisme. Ce qui justifie la lecture de cet article aujourd'hui, c'est qu'en faisant l'économie de toute interprétation de la validité du syllogisme en termes de sémantique extensionnelle (différemment donc de ce que fera Corcoran), Ebbinghaus inaugure une lecture inférentialiste des *Analytiques* et, sans pourtant paraître en être toujours conscient, rend à la théorie du syllogisme sa composante pragmatique sous-jacente. Mais ce qui constitue sans doute sa plus grande originalité est qu'il développe une approche fondée sur des concepts, notamment celui d'admissibilité, qui permettent de se passer de toute preuve de complétude[4] (contrairement à l'approche de Corcoran, dont la construction d'une telle preuve constituera l'un des tours de force[5]) – ou du moins d'une certaine façon de comprendre ce que doit être une preuve de complétude. Il nous offre ainsi de quoi questionner, d'une manière nouvelle, à travers Aristote et ses interprètes logiciens, la primauté de l'univers du discours sur les règles

---

[4] Du moins d'une telle preuve, pensée à partir d'une séparation nette entre syntaxe et sémantique, et consistant à établir que toute inférence syntaxiquement correcte peut être corrélée à un modèle ensembliste. Cela n'exclut donc pas la possibilité de penser autrement l'idée d'une preuve de complétude.
[5] J. Corcoran, « Completeness of an Ancient Logic » (1972)

d'inférence, et ouvre alors la possibilité de dégager d'une lecture des *Analytiques* un modèle qui inverse cette primauté en substituant à la perspective d'un univers du discours celle d'une pragmatique sous-jacente à l'usage implicite des règles d'inférence et en posant au cœur de l'analyse logique, non pas le concept de vérité, mais plutôt les procédures de décision et leurs relations mutuelles. Nous voudrions montrer ici en quoi Ebbinghaus nous donne à comprendre ce qui fait d'Aristote un grand logicien et pourquoi il serait dommage de réduire l'intérêt des *Premiers Analytiques* au seul système de déduction naturelle qu'il est possible d'en extraire. Nous chercherons aussi à montrer en quoi cet article de 1964 est illustratif, jusque dans ses hésitations, du type de questionnement qui a pu conduire à l'élaboration progressive d'une sémantique de théorie des jeux, notamment sous la forme de la logique dialogique.

Calcul, isomorphisme et jeux dialectiques

La manière dont Ebbinghaus propose de lire Aristote est déjà frappante. Les textes sur lesquels il s'appuie sont idéalement ramenés à la matérialité de leurs signes. Les opérations faites sur ces signes pour tisser la trame du texte grec devraient, en principe, être accessibles à quelqu'un qui ne maîtriserait pas le grec (et qui ne disposerait d'aucune traduction). Nous ne sommes pas loin de la situation imaginée par Borges dans « la Bibliothèque de Babel » où les résultats d'une composition aléatoire de signes finissent par devenir parlants quand, par chance, une grammaire déterminée y trouve une application possible. La lecture proposée ici du début des *Premiers Analytiques* procède en deux temps : d'abord, la définition d'un « calcul » au sens où l'entend Paul Lorenzen dans *Einführung in die operative Logik und Mathematik*, c'est-à-dire un ensemble d'opérations schématiques par lesquelles on se donne le droit de produire des signes déterminés à partir de signes donnés ; ensuite, la mise en application de ce calcul, qui conduit à la réalisation de séries de signes dont Ebbinghaus montrera qu'elle est isomorphe avec la trame du texte d'Aristote. La dynamique d'écriture du texte est donc rejouée à travers une pragmatique élémentaire dont les règles s'explicitent à mesure qu'on avance dans cette dynamique. La force de cette méthode d'interprétation originale est qu'elle permet d'établir concrètement que le propos logique d'Aristote trouve son assise, non pas dans certains présupposés implicites que la tâche des commentateurs serait d'expliciter, mais dans les toutes premières opérations à travers lesquelles il construit son objet, qu'il ne cherche donc pas à rejoindre par le discours, mais qu'il laisse se construire dans la mise en œuvre d'une grammaire qu'il explicite en explorant les possibilités schématiques qu'elle inaugure[6].

Tout en établissant cet isomorphisme entre le calcul qu'il propose et le texte d'Aristote, Ebbinghaus s'efforce de resituer la pragmatique de ce calcul dans le contexte historique qui pourrait lui donner un sens et qui est celui des jeux dialectiques. Cette contextualisation historique correspond certes à un aspect de la théorie du syllogisme qui n'est pas ressaisi en tant que tel par le modèle formel que propose Ebbinghaus, mais elle n'en constitue pas moins une partie importante de l'article, qui, là aussi, préfigure certains développements récents consistant à interpréter le contenu des *Analytiques* à partir de celui des *Topiques*. Ebbinghaus reprend à Kapp l'idée que la théorie du syllogisme pourrait avoir été élaborée afin de répondre au problème de la décision, c'est-à-dire à la recherche de moyens permettant de « décider de la validité ou de la non-validité de chaque étape de la discussion ». En somme, le jeu dialectique, dont les dialogues platoniciens offrent une illustration, aurait pour règles celles au moyen desquelles Ebbinghaus définit le calcul dont il établit l'isomorphie avec le système du texte des *Premiers Analytiques*, règles qui correspondent précisément aux syllogismes eux-mêmes.

---

[6] En somme, le texte est à lui-même sa propre clef d'interprétation. Si cette réflexivité de la pensée est l'essence même de la philosophie, alors la logique d'Aristote est au cœur même de ce qu'est la philosophie. On trouve là les éléments d'une réflexion sur la notion de « système philosophique ». (remarque de Zoé McConaughey).

Si Aristote s'intéresse alors à la « complétude » de son système, notamment au chapitre 23, ce n'est pas, selon Ebbinghaus, au sens moderne d'une preuve de complétude, qui viserait à établir que toute formule valide peut être dérivée dans le système, c'est plutôt pour garantir qu'aucune situation de jeu dialectique n'échappe aux règles que le système s'efforce d'expliciter entièrement[7]. La mise en rapport de ce système de règles avec un quelconque univers de discours n'est pas quelque chose dont Aristote a à s'occuper de façon primordiale, si l'on suppose que telle est bien l'orientation de ses efforts. C'est bien plutôt la question de savoir selon quels critères on peut évaluer la validité d'une règle émergeant spontanément d'une pratique intuitive du jeu dialectique qui l'occupe ; ou plus exactement, la relation entre les règles d'inférence canoniques et celles qui émanent de la pratique même de la discussion. Cette façon de penser la question de la complétude est fondamentalement engagée dans une pragmatique : quelles inférences est-on tenu d'accepter dans le contexte d'une interaction argumentative ? Quel est le fondement de leur validité, dans un tel contexte ? C'est le concept d'admissibilité qui revêt ici une importante centrale, concept dont l'usage est désormais classique pour la théorie de la démonstration[8] et que Lorenzen introduit au début de son *Einführung in die operative Logik und Mathematik*.

Le concept d'admissibilité

Rappelons que la méthode opérative consiste à définir un calcul au moyen de « points de départ » *(Anfänge)* et de règles *(Regeln)*. Par l'application des différentes règles aux formules initiales, on peut produire des « propositions » *(Aussage)*, dont on établit la preuve en explicitant quelles règles ont été utilisées et dans quel ordre. S'il est possible d'établir une preuve pour une proposition donnée, on dira qu'elle est *dérivable*. La dérivabilité d'une proposi-

---

[7] Voir « Aristote et la question de la complétude », Lion, Rahman, 2016
[8] Voir Schroeder-Heister « Proof-Theoretic Semantics » (Stanford Encyclopedia of Philosophy, 2012)

tion est l'objet d'une affirmation possible qui trouve sa justification dans la construction effective d'une telle preuve et la reconnaissance de sa conformité aux règles spécifiées pour le calcul. Elle marque le passage à un régime réflexif, car elle suppose de porter son attention sur l'application des règles et donc de faire de la dérivation elle-même un objet théorique. Dire d'une proposition qu'elle est dérivable, ce n'est pas la même chose que dire qu'elle est vraie, car c'est se placer selon une perspective procédurale, constructiviste et non référentielle. Dans la logique traditionnelle, on considère qu'une proposition est soit vraie, soit fausse. Or, s'agissant d'une proposition prise dans le cadre d'un calcul au sens de Lorenzen, on ne peut pas toujours en établir la dérivabilité ou la non-dérivabilité : l'absence d'une preuve de dérivabilité ne permet pas de conclure la non-dérivabilité, notamment si l'on a affaire à une classe infinie de dérivations possibles pour un calcul donné. En cela, Lorenzen se place explicitement dans le prolongement des analyses de Brouwer relatives à la différence entre les classes finies et les classes infinies, le conduisant à une mise en question du principe du tiers-exclu. La perspective adoptée par Lorenzen conduit donc à une différenciation entre un niveau proprement logique et un niveau métalogique, différenciation qui ne repose pas, comme dans l'approche tarskienne, sur l'introduction d'une sémantique ensembliste, qui ferait correspondre un système déductif à un modèle au moyen d'une interprétation. Cette différenciation repose bien plutôt sur la capacité dont atteste quiconque use de règles de réfléchir sur ce même usage et de l'objectiver. C'est à l'intérieur de ce champ d'analyse fondé sur l'objectivation de l'usage des règles que le concept d'admissibilité prend son sens. Une règle est dite *admissible* dans un calcul, si les propositions qui sont dérivables au moyen de cette règle, le sont également sans elle. On établit l'admissibilité d'une règle par une procédure d'élimination des détours (pour reprendre un terme qu'on trouve chez Gentzen), qui consiste à substituer à l'usage de cette règle, celui d'autres règles : en somme une règle admissible est une règle qui n'ajoute à un calcul aucune proposition dérivable. On trouve là le principe d'une approche de l'analyticité, faisant porter celle-ci sur les aspects proprement procéduraux des inférences.

Si Lorenzen soutient qu'Aristote n'a pas pensé sa logique pour des calculs (ce qui est un reproche qui lui est souvent adressé), mais pour des propositions du langage ordinaire[9], cela n'empêche en rien d'étudier cette logique comme étant elle-même un calcul (au sens de Lorenzen), même si Ebbinghaus précise que c'est là une perspective parmi d'autres possibles. Quoiqu'il en soit, en adoptant une telle perspective, ce dernier est conduit à discerner dans le texte des *Premiers Analytiques* des considérations qui correspondent assez exactement à la mise en œuvre du concept d'admissibilité, notamment là où Aristote entreprend de réduire les syllogismes imparfaits à des syllogismes parfaits. Ebbinghaus a l'intuition géniale qu'en articulant l'ensemble des syllogismes à quelques figures canoniques, moyennant l'usage des règles de conversion, Aristote développe une pensée selon laquelle l'instrument inférentiel constitue l'objet même de l'analyse logique, indépendamment de toute perspective référentielle, renvoyée à la métaphysique. Si Corcoran a bien perçu que les syllogismes étaient des règles d'inférence, il s'en est tenu à l'idée que ces règles devaient servir, en dernière instance, à transporter et à conserver la vérité, qui seule fonde leur validité. Ebbinghaus va, quant à lui, beaucoup plus loin, en suggérant qu'Aristote pense la validité syllogistique comme étant immanente à l'utilisation qui est faite, dans un contexte dialogique, des syllogismes eux-mêmes. Cette validité se révèle à travers l'analyse des étapes inférentielles formant les schémas d'argumentation analysés et à travers la preuve de leur réductibilité à des formes canoniques. Le régime de cette analyse est parfaitement rendu à travers le concept d'admissibilité. Contrairement à Łukasiewicz, qui pose que de telles réductions sont des démonstrations faites sur la base d'axiomes (les syllogismes parfaits) au moyen d'une logique qu'Aristote n'a pas su véritablement expliciter (la logique des propositions, dont Łukasiewicz attribue la paternité aux stoïciens), et qui ne peut donc pas expliquer pourquoi

---

[9] *Einführung in die operative Logik und Mathematik*, p. 19

Aristote distingue explicitement la preuve, dont le syllogisme est l'instrument, et la réduction d'un syllogisme à un autre, Ebbinghaus soutient qu'une telle réduction relève d'une mise en perspective des relations entre syllogismes inhérente à leur usage et qu'elle relève donc de la théorie de la preuve. L'enjeu de cette différence d'analyse est majeur : Łukasiewicz est amené à confondre le régime de vérité des propositions et celui des liaisons de propositions (et à nommer « axiomes » ce qu'Aristote ne nomme pas ainsi, alors même qu'il dispose du concept d'axiome), ce qui suppose une théorie extensionnelle des connecteurs (dont Aristote ne dispose pas[10]) ; Ebbinghaus peut, quant à lui, à la fois adhérer finement au vocabulaire d'Aristote et montrer que la réduction procède d'un usage réflexif des syllogismes, qui ne suppose en rien le recours à une logique qu'Aristote n'aurait pas su expliciter, mais dont il se serait servi intuitivement. L'approche opérative de la théorie du syllogisme permet de construire des régimes d'inférence irréductibles à la seule application de syllogismes, sans présupposer autre chose que les syllogismes, sinon une réflexivité métalogique inhérente à leur mise en application. La visée d'un univers de discours, fondant à la fois la vérité des syllogismes parfaits et la validité des preuves de réduction, n'est donc pas nécessaire pour établir la validité de la théorie du syllogisme, dont Ebbinghaus parvient ainsi à établir la pleine autonomie, même si, pour en établir le sens, il est amené à la situer, ainsi que nous l'avons dit plus haut, dans son contexte pragmatique, en partant du principe d'une continuité entre la syllogistique et les jeux dialectiques étudiés dans les *Topiques*. C'est là un point sur lequel il vaut la peine de revenir.

---

[10] De même, que, selon Łukasiewicz, Aristote ne dispose pas d'une théorie extensionnelle des quantificateurs, alors même que la nécessité syllogistique suppose, selon lui, une quantification universelle, ce qui signifie qu'Aristote ne dispose pas des moyens de penser le fondement de cette nécessité.

De la logique opérative à la logique dialogique

Tout en considérant que la mise en perspective du début des *Premiers Analytiques* à partir des *Topiques* explique pourquoi le calcul qu'il propose permet de reconstruire aussi adéquatement la théorie du syllogisme – à savoir parce que la joute dialectique en se réfléchissant elle-même donne lieu à une formalisation complète de ses règles –, Ebbinghaus concède qu'il ne dispose pas des moyens techniques de reconstruire cette composante dialogique qui en sous-tend l'élaboration formelle[11]. De tels moyens techniques sont pourtant introduits incidemment, dans une note de bas de page où Ebbinghaus sort du cadre de la logique opérative pour mentionner les perspectives offertes par la logique dialogique, que Lorenzen développait alors, pour étudier la structure interne des prémisses, ce qu'il ne peut pas faire au moyen de son propre modèle. Tout en s'appuyant sur un texte des *Topiques*, Ebbinghaus développe l'idée qu'on pourrait bien trouver chez Aristote, contrairement à ce que pensait Łukasiewicz, une pensée des quantificateurs[12]. Pour bien comprendre ce point, saisir en quoi le passage à une approche dialogique est esquissé à travers la question de la quantification et en quoi ce passage ne peut pas être accompli sans une rupture franche avec l'approche opérative, il convient de développer un peu les impasses de l'interprétation de Łukasiewicz et les solutions que propose Ebbinghaus.

Sur la question des quantificateurs, le modèle que Łukasiewicz propose conduit effectivement à un paradoxe majeur[13]. Selon lui, quand Aristote appuie ses syllogismes sur des propositions du type « A appartient à tout B », il n'a pas en tête un quantificateur, mais une relation entre les termes A et B. Il y a quatre type de relations : « appartenir à tout », « n'appartenir à aucun », « appartenir à quelque » et « ne pas appartenir à quelque ». Aristote n'aurait donc

---

[11] Cf. p. 58 de la présente traduction.
[12] Idée qui sera développée par M. Marion et H. Ruckert, dans « Aristotle on universal quantification : a study from the perspective of game semantics » (2015)
[13] A ce propos, voir l'article de JB. Gourinat cité plus haut.

pas en vue une prédication quantifiée (dont l'expression symbolique trouvera sa rigueur avec Frege), mais des relations, traditionnellement désignée *A, E, I* et *O*. Pourtant, toujours selon Łukasiewicz, le fondement de la nécessité syllogistique a à voir avec la quantification. En effet, « la logique d'Aristote est une théorie des relations *A, E, I* et *O*, dans le domaine des termes universels »[14], ce qui implique bien une quantification universelle. Łukasiewicz pense qu'il y a un pressentiment du quantificateur universel chez Aristote, perceptible dans l'expression « εἰ - ἀνάγκη », et que ce signe aristotélicien de la nécessité syllogistique a le même statut qu'un quantificateur universel qui se trouverait en tête d'une formule vraie. Ainsi, bien qu'Aristote ne dispose pas, selon Łukasiewicz, d'une pensée de la quantification universelle, il s'appuie sur cette même quantification – donc intuitivement – pour établir la nécessité syllogistique, là est le paradoxe. Outre le fait qu'Aristote ne compte pas les relations *A, E, I* et *O* parmi les relations qu'il étudie dans les *Catégories*, cette lecture conduit à un certain nombre de torsions par rapport au corpus.

L'article d'Ebbinghaus traite cette question en allant dans deux directions, dont il ne cherche pas explicitement à penser la complémentarité, l'une allant dans le sens de la logique opérative, l'autre dans celui de la logique dialogique. Commençons par la première, qui consiste à faire correspondre « la nécessité et la dérivabilité »[15], ce qui revient à dissocier la question de la nécessité syllogistique de celle de la quantification universelle (et de celle de la vérité qui lui est étroitement liée, s'il est vrai que dans l'approche tarskienne un quantificateur quantifie sur un domaine d'interprétation par le biais d'une fonction de vérité). Puisqu'Aristote n'emploie jamais les concepts sémantiques « vrai » et « faux » pour décrire la nécessité, Ebbinghaus n'a pas à forcer le texte. Quand Aristote exprime la nécessité d'une conclusion, il n'exprime pas le fait que les termes du syllogisme doivent être

---

[14] p. 33 de l'édition française, *La syllogistique d'Aristote du point de vue de la logique moderne*
[15] p. 81

/ XVI.

quantifiés universellement, mais que cette conclusion provient effectivement de l'application d'une certaine règle, ce qui fait qu'on peut affirmer sa dérivabilité. C'est du moins ce que le modèle formel proposé dans l'article permet de reconstruire. Or, si Ebbinghaus se distancie d'approches cherchant à fonder la logique aristotélicienne sur la métaphysique, telles que celles de Car Prantl ou de Heinrich Maier (et donc à fonder la nécessité inférentielle sur une nécessité ontique), il ne concède pas moins que certains aspects de la théorie du syllogisme appellent des développements complémentaires dont la formalisation échappe à ce que permet d'exprimer une reconstruction opérative. Pour ce qui concerne, par exemple, les preuves de non-conclusivité, il est manifeste qu'Aristote fonde son propos sur autre chose qu'une règle, à savoir sur l'invocation d'états de fait. En effet, pour prouver que d'une paire de prémisse donnée on ne peut rien conclure, Aristote exhibe des triplets de termes concrets « tels qu'on puisse voir ce qui est le cas ou ce qui n'est pas le cas à travers la considération des choses elles-mêmes »[16]. Il y a donc bien là une procédure logique qui ne relève pourtant de l'application d'aucune des règles du calcul qu'a élaboré Ebbinghaus, ce que celui-ci reconnaît explicitement en suggérant que des considérations d'ordre ontologique sous-tendent forcément la question du fondement de la validité des principes constitutifs du système. S'il se tient pourtant à distance de toute approche métaphysique, c'est que, selon lui, la théorie du syllogisme est élaborée selon une dynamique de formalisation, ce qui signifie qu'elle tend à éliminer la question de la vérité pour se consacrer techniquement et exclusivement à celle de l'inférence. Dans le cas de la preuve de non-conclusivité, ne faut-il pas alors considérer qu'Aristote fait un usage implicite du quantificateur existentiel ? Il est certain que dans les pages où Ebbinghaus développe les points qui échappent à son modèle, il désigne les angles morts, selon lui[17], d'une approche opérative de la théorie du syllogisme. Si

---

[16] p. 61
[17] On pourrait pourtant dire que que l'intérêt de l'approche développée par Ebbinghaus consiste justement dans le fait que ce genre de considérations devient superflu. Dans l'approche dialogique, on appelle règle socratique le fait que

la mise en correspondance de la nécessité et de la dérivabilité permet de surmonter le problème de l'absence apparente d'une théorie de la quantification chez Aristote, une telle théorie n'en serait pas moins souhaitable, d'après Ebbinghaus, en vue de l'explicitation formelle de toutes les pistes de réflexion logique ouvertes dans les *Premiers Analytiques*.

Or, cette question de la quantification fait l'objet d'une seconde approche dans l'article[18], fondée sur le texte des *Topiques* (dont la référence précise est θ, 157a34) aussi bien que sur une esquisse de la logique dialogique. Cette approche consiste dans une interprétation des quantificateurs comme application de règles, mais de règles qui sont d'un autre ordre que celles qui permettent d'opérer schématiquement (lesquelles trouvent leur formulation dans un usage singulier du signe →, dont le sens premier est opératif chez Lorenzen). Il s'agit de règles qui définissent des interactions dialogiques et qui supposent donc, pour être formalisées, d'autres outils symboliques que ceux qui sont élaborés dans *Einführung in die operative Logik und Mathematik* : elles s'apparentent davantage aux règles d'un jeu de société, dans la mesure où elles visent à déterminer qui perd et qui gagne. A travers de telles règles, on dispose d'un moyen de penser constructivement la structure interne des prémisses, ce qui est impossible dans une approche opérative, et cela suppose de définir une procédure de validation au moyen de règles pour des affirmations isolées du type « A est le cas de tout B ». Une telle procédure implique de différencier un « proposant » et un « opposant » et de définir à quelle condition l'un ou l'autre l'emporte dans une interaction dialogique. Dans le cas de l'assertion « A est le cas de tout B », si l'opposant la nie, le propo-

---

l'analyse logique de la validité d'une thèse ne requiert de s'appuyer que sur les concessions de celui qui la conteste, sans qu'il soit besoin de faire appel à un "oracle" (Hintikka) ou à quoique ce soit qui serait extérieur aux règles du dialogues. Dans des travaux récents, S. Rahman a proposé de parler de "raisonnement immanent". Ici se révèle en tout cas, une certaine inconscience de la part de Kurt Ebbinghaus à l'égard de la nouveauté des perspectives qu'il développe dans son article.

[18] Voir la longue note de bas de page, p. 65

sant est en droit d'exiger de lui un contre-exemple, c'est-à-dire un cas pour lequel n ε B soit valable, mais pas n ε A, ce qui constitue bien une manière de réfuter *n ε B → n ε A*. Si l'opposant y parvient, il a gagné (et donc le proposant a perdu) ; s'il n'y parvient pas, le proposant a gagné. Ebbinghaus formule une règle similaire pour les propositions particulières. Il est certain qu'une approche isolée des *Analytiques* permet mal de concevoir de tels types de règles comme étant susceptibles de s'intégrer à la théorie du syllogisme. En revanche, si l'on situe les *Analytiques* dans le contexte des *Topiques*, on peut s'appuyer sur des textes précis allant dans le sens de l'explicitation par Aristote de règles dialogiques.

Ebbinghaus, père de la lecture inférentialiste[19] des écrits logiques d'Aristote.

Il est intéressant de noter que les approches opérative et dialogique adhèrent difficilement l'une à l'autre, pour des raisons qu'Ebbinghaus n'explicite pas dans l'article et qui méritent pourtant d'être mentionnées, au moins pour indiquer certaines questions ouvertes par l'ambiguïté qui le traverse. Il suffit, pour s'en apercevoir, de noter que la formule *n ε B → n ε A*, employée dans la note concernant la logique dialogique, suppose un usage du signe « → » qui rompt avec le contexte de l'article. Revenons un peu plus en détail sur le sens que revêt ce signe dans le cadre de la fondation opérative de la logique, car c'est sur ce point précis que Lorenzen a repéré une impasse. Cela nous permettra de montrer en quoi l'esquisse de logique dialogique proposée en note de bas de page tend à contredire l'approche sur laquelle se fonde Ebbinghaus dans tout le reste de l'article. En son sens premier, le signe → ne correspond pas chez Lorenzen au connecteur « implication », mais il désigne une opération schématique telle qu'on se donne le droit, à

---

[19] Une lecture inférentialiste des *Premiers Analytiques* ne signifie donc pas seulement que les syllogismes doivent être conçus comme des règles d'inférence, mais plutôt que leur signification logique doit être conçue à travers le fait qu'ils sont des règles d'inférence.

travers une règle, de produire quelque chose à partir d'autre chose. Ce n'est qu'en faisant un retour réflexif sur cette opération, tel que la dérivabilité d'une proposition puisse ainsi être établie, qu'on pourra, dans un métalangage, utiliser un signe dont la signification corresponde à celle du connecteur logique de l'implication. Si une proposition est dérivable, à supposer qu'on ait adopté telle formule initiale, alors on peut retraduire cette dérivabilité sous la forme d'une relation implicative entre la proposition et la formule initiale, dans un métalangage[20]. Ebbinghaus assume parfaitement cette lecture du signe →, et cela dès le début de l'article. Il faut pourtant noter l'impossibilité conséquente pour une relation implicative de compter parmi les formules initiales d'un calcul (en tout cas, d'un calcul n'étant pas un métacalcul[21]), ce qui signifie qu'aucune proposition implicative ne peut être comptée parmi les éléments à partir desquels sont produites des dérivations dans un calcul : une implication ne peut pas, dans l'approche opérative, être l'objet d'une règle, mais doit correspondre à l'objectivation du schéma d'application d'une règle, application réfléchie d'une manière secondaire dans un métalangage, dont on peut expliciter les « métarègles ». Cette singularité du sort de l'implication dans l'approche opérative de la logique parait conduire à une impasse. Si l'implication matérielle est, en effet, conçue comme la reformulation dans un métalangage d'une affirmation de dérivabilité, il est difficile de concevoir une sémantique de la proposition implicative qui rende compte de tous les usages logiques pouvant être faits de l'expression « si – alors », et notamment des usages qui en sont faits par Aristote lui-même[22].

---

[20] Voir Schroeder-Heister: « Lorenzen's theory of implication is based on the idea that an implicational sentence A → B expresses the admissibility of the rule A → B, so that the assertion of an implication is justified if this implication, when read as a rule, is admissible » « Lorenzen's operative justification of intuitionnistisc logic » (2008).

[21] « The meta-level complements the object level by making admissible rules avalaibale (in 'lifted shape') as formal derivation rules. » (Ibid.)

[22] On peut mentionner notamment la section dite du « Pont aux Ânes » (*Premiers Analytiques*, I, 27-31), dans laquelle Aristote décrit une méthode (et même une « machine théorique », selon la formule de M. Crubellier) « faisant apparaître le

Une première façon de sortir de cette impasse consiste à penser les règles, non pas comme ce qui explicite la forme d'une opération schématique en indiquant les points de départs à gauche de la flèche et le résultat de l'application de la règle à droite, mais plutôt comme ce qui fixe les conditions d'introduction et d'élimination des symboles logiques, à la manière dont Gentzen formule son système de déduction naturelle. Dans un tel cadre, on dispose bien d'une règle d'introduction et d'une règle d'élimination pour le connecteur →, ainsi que du moyen de « décharger » certaines assomptions[23], ce qu'on ne peut pas faire dans le cadre de la fondation opérative de la logique, où l'implication renvoie toujours à une preuve d'admissibilité[24]. A travers de telles règles syntaxiquement définies pour $A \rightarrow B$, il devient possible de définir « épistémologiquement » l'implication, dans la mesure où c'est précisément à travers l'usage qu'il fait de ses règles d'introduction et d'élimination qu'un sujet épistémique atteste qu'il connait la signification d'un connecteur logique[25]. Si $A \rightarrow B$ renvoyait toujours en dernière instance à une affirmation d'admissibilité, il serait difficile de concevoir qu'un terme puisse directement en impliquer un autre pour un sujet épis-

---

ou les moyens termes permettant de déduire une conclusion donnée » (voir l'introduction de la traduction GF 2014). On y trouve une mise en correspondance de l'inclusion d'un terme dans un autre et de l'implication matérielle, correspondance qui justifie pleinement d'employer la formule n ε B → n ε A pour développer le contenu de la proposition A est le cas de tout B. Ebbinghaus reconnait ne pas disposer « d'une théorie de la structure interne des prémisses » et la raison en est peut-être qu'une telle théorie supposerait une conception de l'implication matérielle, bien présente chez Aristote, mais impossible à rendre au moyen de la fondation opérative de la logique, qui y trouve précisément une pierre d'achoppement (à ce propos, voir Lorenz, « Basic objectives of dialogue logic in historical perspective » 2001).

[23] Prawitz, *Natural deduction*, 1965
[24] Ou à une dérivation dans le métacalcul utilisant des axiomes et des règles dont on a déjà établi la validité (donc l'admissibilité)
[25] C'est là ce qui fait, selon Schroeder-Heister (2008), la force de la sémantique de Dummett-Prawitz par rapport à celle de Lorenzen, qui ne porte pas suffisamment son attention sur la manière dont la connaissance de la signification se manifeste, alors même qu'il est très attentif au maniement opératif de figures syntaxiques.

témique, car il serait toujours nécessaire de passer par la formulation de la règle permettant de produire B à partir de A, pour affirmer $A \to B$, ce qui n'est possible que formellement et non matériellement : il n'y aurait donc jamais d'implication matérielle. De même, le caractère hypothétique de l'antécédent d'une implication est difficilement rendu selon le schéma opératif, qui ne permet pas de « décharger » une hypothèse au sein d'une dérivation. La fondation opérative de l'implication permet de restituer aux syllogismes leur nature de règles d'inférence et de montrer que la formulation par Łukasiewicz des syllogismes au moyen de propositions implicatives ne doit être perçue que comme une reformulation secondaire (« in a lifted shape ») de ces règles, mais elle rencontre une limite si l'on cherche à adhérer véritablement à l'usage aristotélicien du concept d'implication, usage qui n'est pas seulement syntaxique, mais qui comporte bien une dimension épistémique. De ce point de vue, la reformulation de la syllogistique assertorique à travers un système de déduction naturelle à la Gentzen offre sans aucun doute des perspectives herméneutiques fécondes[26], si on l'associe à une sémantique « proof-theoretic »[27].

---

[26] Il est important de noter que dans l'article « Aristotle's natural deduction system » (1973), Corcoran développe bien une lecture des *Premiers Analytiques* où les syllogismes jouent le rôle de règles d'inférence, mais que cette lecture s'associe à une conception de la validité qui suppose une sémantique extensionnelle. Une inférence n'est valide qu'à la condition que soit définie une forme syntaxique du type prémisses-conclusion (qu'on ne trouve pas en tant que telle chez Aristote, qui ne se rapporte qu'à un langage toujours déjà interprété) et qu'y soient formalisés des arguments dont l'interprétation est vraie quel que soit le domaine d'interprétation des termes de ces arguments. La définition d'une fonction d'interprétation suppose donc la possibilité d'une interprétation alternative. Or, rien n'indique qu'Aristote ait rencontré un tel problème en suivant la dynamique propre de sa réflexion logique, qui parait toujours maintenir, dans son examen des inférences syllogistique, une composante épistémique. Il semble légitime de penser que les syllogismes sont, en tant que règles, porteurs d'une sémantique intensionnelle, telle que la signification des éléments qui les composent serait inhérente à leur usage en tant que règles, éventuellement dans un contexte pragmatique donné.
[27] C'est en effet un moyen de sortir des difficultés que rencontre Corcoran, lorsqu'il se voit contraint de définir un univers de discours pour son système de dé-

L'approche dialogique[28], qui correspond à une seconde manière de sortir de l'impasse concernant le statut de l'implication, a toutefois l'avantage d'expliciter la composante pragmatique interactive qui structure les joutes dialectiques dont la théorie du syllogisme peut être perçue comme une régularisation formelle, sans que soit perdue l'intention de la recherche d'une protologique qui fait bien la force et l'originalité de l'approche opérative de Lorenzen. Lorenzen a orienté ses travaux en ce sens à partir de *Logik und Agon* (1960). Si l'on conçoit l'assertion comme un régime de l'action, supposant une interaction, il est naturel de penser que la signification des termes à travers lesquels elle se formule et de sa forme logique se développe dans la capacité d'en donner une justification ou d'en demander une. On peut alors penser que le « jeu de demander et de donner des raisons »[29] est contenu dans la nature même de toute assertion. Dans cette perspective, un syllogisme peut apparaître comme un « coup » dans un jeu dialectique, comme le coup final par lequel on gagne une partie en exhibant une nécessité logique[30]. Pour ce qui est alors de l'implication, elle trouve sa définition dans une règle dialogique précise, qui fixe les conditions de la victoire ou de la défaite pour l'assertion d'une proposition implica-

---

duction naturelle, sans pouvoir retrouver où que ce soit dans le corpus des *Analytiques* l'indication d'un tel univers. Une sémantique « proof-theoretic » présente l'avantage de ne supposer aucun univers de discours, mais de définir la signification des termes logiques à travers leurs règles d'introduction et d'élimination. On trouve chez Brandom un élargissement de cette sémantique inférentialiste à l'ensemble des assomptions dont est susceptible un sujet épistémique. Il faut noter qu'une sémantique inférentialiste suppose une « harmonie » entre les règles d'introduction et les règles d'élimination, qui a pour conséquence de requérir une logique de type intuitionniste.

[28] Voir notamment Rahman, Keiff « La dialectique, entre logique et rhétorique » (2010). Sur des développements récents permettant de combiner le cadre dialogique et une approche selon le système de la déduction naturelle, sous sa forme typée, voir Rahman, Clerbout, « Constructive type theory and the dialogical approach to meaning » (2013)

[29] Brandom, *Articulating Reasons* (2000), voir aussi Marion « Why play logical games ? » (2009)

[30] Voir M. Crubellier « Du syllogismos au syllogisme » (*Revue philosophique*, 2011)

tive. Si un joueur X soutient l'assertion que $A \to B$, alors s'il ne parvient pas à établir B, quand Y a concédé A, il a perdu, à moins qu'il ne contre-attaque sur A. Une telle règle, appelée « *partikel Regel* », sera soigneusement distinguée d'un syllogisme conçu comme règle d'inférence, lequel aurait plutôt à voir avec l'existence d'une stratégie de victoire selon des règles globales. Cette distinction entre des types de règles fournit le moyen de penser la distinction entre les règles qui président à la structuration d'un champ sémantique et celles qui permettent l'existence de stratégies de victoire et donc le dévoilement de la nécessité logique. La théorie du syllogisme apparaitrait alors comme l'exploration spécifique des stratégies de victoire dans un système de règles d'inférence : il y a stratégie de victoire là où un ensemble de prémisses justifiant de poser une conclusion peut être normalisé en n'employant que les règles fondamentales du système, ce qui revient à montrer comment l'emporter face à un adversaire, disposé à soutenir certaines prémisses, mais pas à accepter la conclusion qu'on en tire, en lui montrant que cette conclusion résulte d'opérations logiques constituant la base même du jeu, en l'occurrence, les syllogismes parfaits et les règles de conversion.

*

Si l'article d'Ebbinghaus mérite encore toute notre attention, c'est en somme surtout par les perspectives qu'il fait tenir ensemble, au moins à titre de programme, malgré leurs tensions mutuelles parfois irréductibles, notamment la relecture des *Analytiques* à partir des *Topiques* (et donc d'une sémantique de l'interaction), l'usage du concept d'admissibilité pour penser la réduction des syllogismes imparfaits aux syllogismes parfaits, l'ébauche d'une approche dialogique des règles d'inférence associées aux quantificateurs et enfin, au moins implicitement, la question du statut de l'implication, aux marges de la théorie du syllogisme. Au-delà donc du modèle formel qu'il propose pour reconstruire la théorie du syllogisme, modèle assez littéralement similaire à celui au moyen duquel Corcoran inscrira l'interprétation des textes logiques d'Aristote dans une nouvelle dynamique[31], l'article dont nous proposons ici une traduction dessine, par anticipation, le canevas d'une lecture inférentialiste des écrits logiques d'Aristote, lecture qui a déjà permis des développements féconds et qui contient encore de nombreuses friches à explorer[32].

Clément Lion

BIBLIOGRAPHIE

Borges, J.L., 1960, *Ficciones*, Buenos Aires.
Brandom, R.B, 2001, *Articulating Reasons*, Harvard.
Corcoran, J. 1972, «Completeness of an Ancient Logic», *Journal of Symbolic Logic*, vol. 37, pp. 696-702.
Corcoran, J., 1973, «A Mathematical Model of Aristotle's Syllogistic», *Archiv für Geschichte der Philosophie*, vol. 55, pp. 191-219.
Corcoran, J., 1974a, «Aristotle's Natural Deduction System», in J. Corcoran (ed.), *Ancient Logic and its Modern Interpretations*, Dordrecht, pp. 85-131.
Corcoran, J., 1974b, «Aristotelian Syllogisms: Valid Arguments or True Universalized Conditionals? », *Mind*, n.s., vol. 83, pp. 278-281.
Corcoran, J., 1994, «The Founding of Logic. Modern Interpretations of Aristotle's Logic», *Ancient Philosophy*, vol. 14, pp. 9-24.

---

[31] Voir J. Lear, *Aristotle and logical theory*, 1980
[32] Par exemple, une lecture de la logique modale qu'Aristote développe dans les *Premiers Analytiques*.

Crubellier, M., 2011, «Du sullogismos au syllogisme», *Revue philosophique de la France et de l'étranger*, vol. 136, no 1, pp. 17-36.

Crubellier, M. 2014, *Aristote, Premiers Analytiques ; traduction, introduction et commentaire*, Paris.

Ebbinghaus, K., 1964, *Ein formales Modell der Syllogistik des Aristoteles*, Göttingen.

Fillion, N, 2007, « Two accounts of Aristotle's Logic », Seminar on Aristotlian Logic, Ph.D in Philosophy.

Gourinat, J.B., 2011, « Aristote et la « logique formelle moderne » : sur quelques paradoxes de l'interprétation de Łukasiewicz », *Philosophia Scientiae*, 15-2, pp. 69-101.

Kapp, E, *Greek foundation of traditional logic*, New-York, 1942.

Lear, J., 1980, *Aristotle and logical theory*, Cambridge.

Lion, C., Rahman, S., 2016, « Aristote et la question de la complétude : le modèle formel de Kurt Ebbinghaus », à paraître.

Lorenz K., 2001, « Basic objectives of dialogue logic in historical perspective », *Synthese*, 127, pp. 255-263.

Lorenzen, P., 1955, 1959, *Einführung in die operative Logik und Mathematik*, Heidelberg.

Lorenzen, P., 1958, « Logik und Agon », In: Arti del XII Congresso Internationale de Filosofia. pp. 187-194.

Lorenzen, P., 1967, *Métamathématique* (traduction par J. B. Grize), Berlin-New York.

Łukasiewicz, J., 1957, *Aristotle's Syllogistic from the Standpoint of Modern Formal Logic*. Oxford.

Łukasiewicz, J., 1972, *La Syllogistique d'Aristote dans la perspective de la logique formelle moderne*, Paris, trad. fr. par F. Zaslawsky de [Łukasiewicz 1957] ; 2e éd. [Łukasiewicz 2010].

Marion, M., 2009, « Why play logical games » in *Games: Unifying Logic, Language, and Philosophy*, New-York, pp. 3-25.

Marion, M., Ruckert, H., 2015, « Aristotle on universal quantification: a study from the perspective of game semantics » *History and philosophy of Logic,* vol.37, pp. 201-229.

Patzig , G., 1959, *Die aristotelische Syllogistik*, Göttingen.

Patzig, G., 1969, *Aristotle's theory of the syllogism: a logico-philosophical study of Book A of the prior analytics*, New York.
Prawitz, D., 1965, *Natural deduction,* Stockholm.
Rahman, S., McConaughey Z., M. Crubellier, 2015, « A dialogical framework for Aristotle' Syllogism », work in progress.
Rahman, S., Nzokou, G., 2015, "Les racines dialectiques de la syllogistique aristotélicienne. Identité et quantification universelle." Conférence Ada-Lacto, MESHS Lille.
Rahman, Keiff, 2010, « La dialectique, entre logique et rhétorique », *Revue de Métaphysique et de morale*, pp.149-178.
Rahman/Clerbout, 2013, "Constructive Type Theory and the Dialogical Approach to Meaning", *Baltic International Yearbook in Cognition, Logic and Communication*.
Schroeder-Heister P., 2008, « Lorenzen's operative justification of intuitionistic logic » *One Hundred Years of Intuitionism* (1907–2007), pp.214-240.
Schroeder-Heister P., 2012, « Proof-Theoretic Semantics », Stanford Encyclopedia of Philosophy (en ligne).
Smith, R., 1982, «What is Aristotelian Ecthesis? », *History and Philosophy of Logic*, vol. 3, pp. 113-127.
Smith, R., 1983, «Completeness of an Ecthetic Logic», *Notre Dame Journal of Formal Logic*, vol. 24, pp. 224-232.
Smith, R., 1989, *Aristotle's Prior Analytics* (traduction, introduction et commentaire), Indianapolis, Cambridge.

KURT EBBINGHAUS

Un modèle formel de la syllogistique d'Aristote

(traduit de l'allemand par Clément Lion)

Table des matières

Symboles logiques utilisés..3
Traduction des expressions techniques importantes..............4

Chapitre 1.
Fondements conceptuels... 5
§ 1. Qu'est-ce qu'un calcul ? 5
§2. Isomorphisme des systèmes formels............................12
§3. Isomorphisme et interprétation................................ 16

Chapitre 2.
Le calcul K_s comme modèle formel................................22
§4. Définition du calcul.. 22
§5. Preuve de l'isomorphisme... 27
§6. Caractéristiques générales du modèle........................ 48

Chapitre 3.
§7. L'interprétation de Łukasiewicz..............................69
§8. Analyse critique.. 72
§9. La relation entre les deux systèmes modernes............... 85

Bibliographie.. 96

Appendice 1. Correspondances entre le calcul K_s et le système d'Aristote

Appendice 2. Comparaison des deux modèles formels selon leur forme symbolique.

Symboles logiques utilisés.

Pour les formules logiques, nous employons, dans ce travail, la symbolique de Heyting, qui est généralement celle qu'adoptent l'école intuitionniste et Lorenzen. Il s'agit des symboles suivants :
→ 1. Signe permettant de fixer les règles d'un calcul
   2. également utilisé pour désigner l'implication matérielle. Ce que la flèche sert à désigner est généralement clair d'après le contexte. Elle est toujours à lire « si – alors »[33].
∧ conjonction en logique des propositions, « et »
∨ disjonction en logique des propositions, « ou »
∧$_x$ opérateur universel, « pour tout x »
∨$_x$ opérateur existentiel, « pour quelque x »
¬ négation – « non »
↔ équivalence au sens de la validité de la flèche selon les deux directions
⇌ équivalence par définition
⊢ signe d'assertion, pour désigner la dérivabilité et l'admissibilité.

A la place des parenthèses, on emploiera des points au-dessus des lignes, par exemple pour désigner la portée de la négation ou d'un quantificateur. Lorsqu'on emploiera plusieurs connecteurs, les plus faibles d'entre eux seront ceux sur lesquels sera inscrit un point.

---

[33] Cette différence est très importante. Il est dommage qu'Ebbinghaus n'ait pas différencié typographiquement l'implication matérielle du signe par lequel est indiquée l'opération permettant, à partir de signes donnés, d'en produire d'autres, selon les règles définies dans ce qu'il appellera un « calcul ». A ce propos, voir les remarques d'Ebbinghaus, p. 28 (N.d.T)

Traduction des termes techniques importants

La manière traditionnelle de traduire certains termes techniques que comporte le texte aristotélicien est chargée d'une précompréhension pouvant souvent faire obstacle à une interprétation précise. Dans beaucoup de cas, il est presque impossible de trouver une expression allemande adéquate, qui rende, même de façon approximative, ce qui est contenu par l'expression grecque correspondante, rapportée à la langue d'Aristote. De plus, la méthode que nous suivons ici exige que nous renoncions, pour certaines expressions, à savoir préalablement ce qu'elles signifient, car cette signification ne sera proprement décidée qu'à travers l'interprétation elle-même. Pour nous limiter dans l'emploi des mots grecs que nous mobiliserons dans le texte, nous introduisons ici une liste de traductions, dans lesquelles les mots allemands ne doivent pas être compris à proprement parler comme des « traductions », mais plutôt comme des équivalences définitionnelles pour les expressions grecques correspondantes. Pour cette raison, nous emploierons, si possible, l'équivalent latinisé des expressions grecques, ou alors des mots qui, en langue allemande, n'ont qu'un sens très indéterminé. Le principe méthodologique est que le lecteur se rende ainsi compte de l'ensemble des significations que peuvent recevoir les expressions grecques. Les plus importantes des traductions faites en ce sens sont les suivantes :

λόγος	Sprachlicher Ausdruck[*] (expression langagière)
λόγος ἀποφαντικός	Aussagesatz (phrase déclarative)
πρότασις	Prämisse (prémisse)
ὅρος	Term (terme)
συλλογισμός	Syllogismus (syllogisme)
συλλογίζεσθαι	schliessen (déduire)
ἀνάγκη	notwendig (nécessaire)
ἀδύνατον	unmöglich (impossible)
ὑπόθεσις	Hypothese (hypothèse)

---

[*] L'expression allemande « sprachliche Ausdruck » restitue assez fidèlement la signification de « λόγος », mais pas complètement. Ce dernier mot peut également signifier quelque chose qui n'a rien à voir avec le langage, par exemple dans le domaine de la théorie des proportions.

Chapitre 1.
Fondements conceptuels

§1. Qu'est-ce qu'un calcul ?

[9][34] Il n'est pas dans notre intention de commencer par une définition de ce concept. Outre les difficultés qui seraient liées à une telle entreprise, on peut douter qu'elle ait, au demeurant, une pertinence didactique. En cherchant d'abord à définir ce qu'est un calcul, nous serions obligés de faire appel à d'autres concepts, dont il n'est pas certain qu'on puisse se représenter plus clairement quelque chose à travers eux. Etant donné que nous devons, d'une façon ou d'une autre, partir d'une compréhension immédiate, nous allons présupposer celle-ci pour le concept de calcul. Le travail qui suit exige de toute façon du lecteur certaines connaissances élémentaires en logique formelle (logique mathématique, logistique). Quiconque s'est déjà occupé un peu de cette discipline est suffisamment familier avec ce qu'est un calcul.

L'utilisation d'un calcul pour la résolution de problèmes formels n'exige d'expliciter aucune théorie du calcul, c'est-à-dire une réflexion sur les présupposés devant être satisfaits pour que soit possible quelque chose comme 'dériver dans un calcul' en général. On ne pense pas ici aux problèmes qui surgissent de la formalisation de la logique des propositions, par exemple la question de la cohérence, de la complétude et de l'indépendance d'un système axiomatique, mais plutôt à ce que quiconque doit toujours déjà connaître et savoir, quand il applique une règle bien définie à une proposition bien définie, par exemple quand, à partir de la formule $p \wedge q \to r \wedge q$, on obtient, par substitution de s à q, la formule $p \wedge s \to r \wedge s$.

---

[34]Nous indiquons en chiffres gras entre crochet la pagination de l'article en allemand (N.d.T)

L'impulsion d'une telle réflexion est venue de ce qu'on a appelé la crise des fondements des mathématiques[35]. Depuis la découverte des paradoxes de la théorie des ensembles aucun accord unanime n'est suffisamment établi pour permettre de construire l'édifice mathématique de telle sorte que, d'une part, aucune contradiction ne suive de ses présupposés fondamentaux et que, d'autre part, on puisse par ailleurs n'être pas forcé **[10]** d'adopter des hypothèses limitant la validité des propositions mathématiques généralement reconnues comme valides et indispensables en pratique.

La fondation opérative de la logique et de la mathématique par P. Lorenzen constitue un essai de solution à ce problème. Cette tentative s'appuie sur une conception du calcul que nous voudrions prendre comme fondement de l'étude qui suit. Nous allons donc en esquisser ici les grandes lignes, sans prétendre ni à l'exhaustivité, ni à l'exactitude parfaite. Pour de plus amples informations, nous renvoyons à l'ouvrage de Lorenzen, *Einführung in die operative Logik und Mathematik* [25][36]. Les exemples introduits ici sont, en grande partie, tirés de cet ouvrage.

Chaque théorie doit être construite à partir de certaines hypothèses fondamentales, considérées comme acquises une fois pour toutes. Chez Lorenzen, ces présuppositions ne sont pas conçues comme des axiomes, qui, dans la mesure où ils ne sont pas choisis de façon arbitraire, se distingueraient par une évidence propre, accessible à l'intuition, mais aussi susceptible d'être contestée ; elles sont plutôt conçues comme des capacités, dont les êtres humains attestent empiriquement qu'ils les possèdent et dont ils se servent constamment dans toutes les activités possibles, préalablement à toute activité d'ordre proprement logique.

A ces capacités de base appartient par exemple la capacité de reconnaître et de distinguer l'une de l'autre des figures telle qu'un + ou un o. Il n'est pas question ici de la réalisation individuelle de ces figures, mais de la structure générale de tous les + et o, laquelle

---

[35] On trouvera une introduction à la problématique des fondements des mathématiques modernes et une présentation de ses développements historiques dans les premières pages de l'ouvrage de Lorenzen intitulé Métamathématiques [27]

[36] Les nombres entre crochets se rapportent à la bibliographie à la fin de l'article.

n'a pas besoin d'être imprimée sur du papier avec de l'encre, mais peut être produite à volonté d'une manière toujours reproductible.

Une autre capacité de base permet d'opérer schématiquement à partir de ces figures, comme c'est le cas lorsqu'en faisant alterner + et o, on construit une série : + o + o + o.... Des opérations de ce type surviennent dans la vie de tous les jours. Les actions élémentaires dans des activités telles que le tricot ou la maçonnerie, ou encore l'utilisation de règles logiques dans le langage courant, en sont des exemples. De telles opérations schématiques peuvent être apprises sans qu'il soit nécessaire de passer par le langage, ni de se rapporter intuitivement à des propositions générales. Une démonstration empirique est souvent indispensable et d'ailleurs suffisante.

On appelle « règle » une expression langagière qui décrit un tel type d'opérations dans sa généralité et sa reproductibilité. Opérer schématiquement, c'est donc agir d'après des règles, même lorsque la règle n'est pas toujours explicitement consciente. Chaque système clos de règles est un *calcul*, au sens général visé ici ; tel est, par exemple, le cas d'un jeu de société dont le principe est établi au moyen de règles. Le présupposé fondamental du fonctionnement de tout jeu de société agonal (*agonal Gesellschaftsspiel*) [11] (par exemple, les échecs) est la décidabilité. Par là, il faut comprendre que la question de savoir quel partenaire a gagné doit pouvoir être décidée avec une évidence impartiale par un tiers. Ceci présuppose que les coups soient produits selon des règles qu'on s'est accordé à reconnaître et dont l'utilisation est évidente, y compris pour un tiers qui ne joue pas. Tous les jeux de ce type sont essentiellement des calculs[37].

Entendu en un sens aussi général, le concept de calcul ne sert qu'à clarifier la signification fondamentale de l'activité schématique. Quand on cherche à fonder la logique, on en vient à certains calculs spéciaux, qui valent comme exemples de telles formes quelconques de calculs. La logique elle-même s'intéresse à des formes bien déterminées de calcul, comme par exemple le calcul des propositions ou le calcul des prédicats, au sein desquelles les

---

[37] On voit ici l'origine du mot de calcul (calculus = petite pierre)

figures ont une signification, et donc peuvent être des parties d'un langage.

Les calculs proposés en exemple ont certains traits communs, du point de vue de leur finalité, avec les calculs constituant la logique. En effet, les opérations consistent à construire des *figures* à partir de signes écrits ou imprimés sur le papier. Pour décrire un calcul de ce type, on doit tout d'abord fournir les signes à utiliser, en particulier les constituants élémentaires, à partir desquelles toutes les figures seront assemblées. Elles seront nommées *atomes*. Ensuite, il faudra dire de quelles figures doit partir une dérivation dans le calcul. On appellera celles-ci *points de départ*. Elles peuvent consister en des atomes, mais aussi en des figures assemblées. Finalement, il faut poser les *règles*, qui décrivent les passages possibles d'une figure déjà dérivée (ou d'un point de départ) à une nouvelle figure.

Il est utile d'utiliser des *variables*, pour formuler les règles à l'écrit. Ce sont d'autres signes, qui n'appartiennent pas aux figures du calcul. A ces signes est associée la consigne de désigner, à leur place, des figures déjà dérivées dans le calcul.

Un autre signe est nécessaire, au moyen duquel peut être exprimée la consigne de l'opération à exécuter, c'est-à-dire le passage d'une figure à une autre. Pour cela nous utilisons la *flèche* →. Celle-ci n'a rien à voir avec l'implication logique, mais indique seulement une action. La direction de la flèche (de la gauche vers la droite) indique la direction de l'action : la gauche représente ce qui a déjà été produit, la droite ce qui est à produire. On peut aussi poser des règles d'après lesquelles on peut dériver une nouvelle figure à partir de *plusieurs* figures déjà dérivées. Dans ce cas, on sépare les unes des autres les figures ou les formules correspondantes au moyen d'une virgule.

[12] Par définition, nous nommons *propositions* (*Aussage*) les figures qui ne consistent qu'en un (ou plusieurs) atome(s) du calcul. Ce sont les figures principalement possibles du calcul ; qu'elles soient dérivables ou pas n'est pas fixé. Nous nommons *formules* les figures qui sont composées d'atomes et de variables. Dans une règle, nous désignons la figure avant la flèche comme formule an-

técédente et la formule après la flèche comme formule conséquente.

Pour finir, afin de pouvoir travailler avec le calcul, nous avons besoin de la possibilité de substituer une figure déterminée à une autre, selon une convention établie, par exemple en vue d'une abréviation. Nous nommons *définition* une telle abréviation et l'exprimons à travers le signe ⇌. La nouvelle figure qui est introduite se tient à gauche du signe, tandis que la formule originelle, pour laquelle la nouvelle figure a été introduite, se tient à droite.

Les signes et concepts ainsi mis en place suffisent pour formuler les calculs qui sont nécessaires dans cette étude. Pour ce qui concerne le calcul lui-même, quelques autres concepts doivent encore être analysés. Pour clarifier ce qui a été dit jusqu'à présent, proposons un exemple simple tiré du livre cité plus haut :

Calcul K_1 :   Atomes :   o, +
                  Variable :   a
                  Point de départ : (A_1) +
                  Règles : (R_1) a → ao
                                        (R_2) a → + a +

Une dérivation dans ce calcul peut alors être conduite de la façon suivante :

$$
\begin{array}{rcl}
1. & + & A_1 \\
1 \to 2. & + \text{o} & R_1 \\
2 \to 3. & + + \text{o} + & R_2
\end{array}
$$

En trois opérations élémentaires, on dérive la figure + + o +. Pour présenter la dérivation, nous avons utilisé un schéma, dans lequel les trois étapes élémentaires sont écrites sur des lignes successives et numérotées de façon progressive. Pour chaque figure dérivée, on indique le numéro de la ligne et celui correspondant à la ligne précédente dont cette figure a été dérivée. Après la figure, on indique la règle dont on s'est servi pour accomplir l'opération.

En s'appuyant sur cette dérivation, on peut énoncer que la figure + + o + est *dérivable* dans K_1. Nous introduisons pour cela le signe

⊢ et nous écrivons ⊢$_{K_1}$ + + o + pour dire de façon abrégée « + + o + est dérivable dans K_1 ». Quand le calcul dont il s'agit est clair d'après le contexte, on peut négliger l'index K_1.

[13] On peut maintenant se demander si une figure, qui n'est pas dérivable dans un calcul donné, peut le devenir si on ajoute au calcul un *point de départ*. Par exemple, la figure ooo n'est pas dérivable dans K_1; en effet, d'après A_1, chaque dérivation dans K_1 doit commencer par un + ; et donc chaque figure dérivable doit contenir un +. Si cependant on ajoute o comme point de départ dans K_1, ooo devient dérivable par une double application de R_1. On peut exprimer cet état de fait à travers une affirmation de dérivabilité relative, si le calcul originel ne doit pas être changé. Nous écrivons donc o ⊢$_{K_1}$ ooo, « par l'ajout de o à K_1, ooo est dérivable. » Ce dont l'affirmation est dépendante se situe à gauche du signe de dérivabilité. De même, une affirmation de dérivabilité peut dépendre de l'ajout d'une règle.

On peut aussi concevoir des calculs, dans lesquels on ne définit pas une classe finie de points de départ. Un tel calcul ne consiste qu'en des règles et une classe infinie – par exemple définie à travers un calcul annexe – de points de départ, à partir desquelles l'une ou plusieurs d'entre elles seront à choisir pour une dérivation déterminée. Dans un tel calcul, des affirmations de dérivabilité seraient triviales. Elles ne doivent toutefois pas forcément l'être, si on ne s'intéresse qu'à la dérivabilité relative ; ainsi, pour chaque affirmation de dérivabilité, on fournit les points de départ correspondants, auxquels elle est liée, c'est-à-dire à partir desquels la figure affirmée est dérivable. Dans un tel calcul, les affirmations de dérivabilité ont la forme générale :

$$A_1, A_2, \ldots, A_n \vdash B$$

Il est facile de voir que lorsqu'on ajoute une figure dérivable aux points de départ du calcul, la classe des figures dérivables n'est pas vraiment augmentée, c'est-à-dire qu'avec cette figure en guise de point de départ, il n'y a pas plus de figures dérivables que sans elle. En effet, si cette figure ne fait pas partie des points de départ, on peut la produire par application d'une règle du calcul, et ainsi les présuppositions pour d'autres dérivations sont les mêmes que si cette figure était déjà donnée comme point de départ. On peut s'interroger de façon analogue à propos des règles qui n'augmentent pas vraiment la classe des figures dérivables dans un calcul K. De telles règles doivent être appelées *admissibles dans K*.

Au contraire, nous désignons les règles qui constituent originellement le calcul concerné, dans la mesure où cette différence importe, comme ses règles fondamentales. La différence [14] entre règles fondamentales et règles admissibles est toujours liée à un calcul pris pour base.

Les concepts : dérivable, non-dérivable, admissible, non-admissible, désignent des propriétés de figures ou de règles qu'on peut affirmer de manière sensée ; des affirmations à leur propos sont en effet *définies*, c'est-à-dire qu'elles peuvent être prouvées ou contredites. Une affirmation de dérivabilité peut ainsi être prouvée à travers la présentation d'une dérivation, au terme de laquelle est produite la figure dont on soutient qu'elle est dérivable. Pour une affirmation de non-dérivabilité, ce n'est pas si simple, car resterait ouverte la possibilité pour cette affirmation d'être contredite à travers une dérivation effective de la figure qu'on prétend non-dérivable. Elle est définie à travers sa réfutation. Une affirmation d'admissibilité peut, par exemple, être réfutée à travers la présentation d'une figure, qui est dérivable à partir de l'ajout de la règle dont on affirme qu'elle est admissible et non sans elle.

Les différents moyens et méthodes pour mener une preuve sont décrits de façon exhaustive dans le livre déjà cité de Lorenzen. Elles ont toutes en commun de ne rien présupposer d'autre que la capacité fondamentale d'opérer schématiquement. Ce ne sont donc pas des preuves au sens de la logique, c'est-à-dire des déductions à partir de principes généraux, reconnus vrais. Les preuves et les réfutations d'affirmations de dérivabilité ou d'admissibilité liées à ce calcul, appartiennent au domaine de ce qui s'appelle la protologique. Ils ne présupposent aucune logique au sens propre. Chez Lorenzen, précisément à l'inverse, c'est la logique qui doit d'abord être fondée sur des observations concernant la dérivabilité ou l'admissibilité, et cela dans n'importe quel calcul.

Nous avons encore besoin, en vue des recherches qui suivent, d'une méthode importante pour prouver qu'une règle est admissible : la *méthode de l'élimination*. Observons, comme exemple simple, le cas où l'on doit prouver que, dans le calcul K défini plus haut, on peut prouver que la règle (R_3) a → aoo est admissible. K_1 est alors enrichi en K'_1 par la règle R_3. Cela revient à affirmer que la classe des déclarations dérivables dans K'_1 est égale à la classe de celles qui sont dérivables dans K_1. Or, c'est précisément le cas, si n'importe quelle dérivation dans K'_1 peut être transposée en une dérivation dans K_1. Les possibilités de le montrer sont là aussi multiples.

On peut, par exemple, remplacer chaque ligne d'une dérivation dans K'_1 qui utilise R_3 par une dérivation dans laquelle ne figurent que R_1 et R_2. N'importe quelle dérivation dans K'_1 conduisant à la figure A à une ligne $n-1$ permet d'obtenir Aoo au moyen de la règle R_3 à la ligne n, et ainsi de suite. On peut alors remplacer la ligne n par deux autres lignes, dans lesquelles la règle R_1 est appliquée à deux reprises. A partir de A, on obtient Ao, puis Aoo, par conséquent la même figure que celle qu'on obtenait originellement **[15]** à la ligne n, et la dérivation peut continuer comme auparavant. On peut répéter la même méthode partout où R_3 est utilisée et, par conséquent, R_3 est éliminée de toute la dérivation. Comme elle peut être éliminée dans n'importe quelle dérivation de K'_1, le fait que R_3 soit admissible dans K_1 est prouvé.

§ 2. *Isomorphisme des systèmes formels.*

Dans la littérature anglo-saxonne, l'expression « système formel » est parfois employée comme synonyme de « calcul ». Nous ne reprendrons pas cet usage. L'utilisation du concept d'isomorphisme dans ce travail nous oblige à employer un terme générique qui rassemble aussi bien les *Analytiques* d'Aristote qu'un calcul compris au sens moderne. Pour cela, nous utiliserons l'expression « système formel ». Un calcul est alors une espèce particulière de système formel qui présente la différence spécifique d'être « formaliste », c'est-à-dire que, dans le système, des relations sont définies et des opérations effectuées indépendamment de toute signification associée aux signes.

Ainsi, sous ce concept peuvent tomber des théories ayant une forme historiquement déterminée, conçues dans le langage naturel, inséparables de certains présupposés philosophiques et en cela pas totalement formalisables. On peut leur faire correspondre le prédicat « formel ». Définir celui-ci est cependant très difficile. Une tentative allant dans ce sens est proposé dans l'excursus au §3. Faisons appel pour le moment à une compréhension immédiate et convenons que, dans les *Analytiques* d'Aristote, il s'agit bien d'un système formel.

Le concept d'isomorphisme est défini dans la terminologie mathématique pour les structures algébriques. Etant donné le but qui est le nôtre, nous n'avons pas à l'employer dans son entière rigueur. Quand nous employons ici l'expression « isomorphisme », nous comprenons une relation entre deux systèmes formels, telle qu'en substituant les éléments de l'un des systèmes (par exemple des signes ou des mots) à ceux de l'autre, les relations (par exemple, des propositions ou des règles) qui valent dans l'un des systèmes correspondent à des relations valables dans l'autre système.

Nous allons éclaircir ce que nous avons dit à travers un exemple. Dans la colonne de gauche du tableau suivant sont reportés certains signes et leur signification dans le système de la théorie des ensembles et [16] dans la colonne de gauche, des signes et leur signification dans le système de la logique des propositions :

$M, N, O...$	ensembles	$p, q, r, ...$	propositions
$\bar{M}$	complément	$\neg p$	négation
$\subset$	être inclus dans	$\rightarrow$	implication
$\cap$	intersection	$\wedge$	conjonction
$\cup$	union	$\vee$	disjonction

On fait correspondre les signes de gauche aux signes de droite, ligne par ligne. De même, les axiomes et théorèmes qui valent dans le système de droite vaudront dans le système de gauche. Par exemple, $M \subset N \cup \bar{N}$, signifiant « Un ensemble M est inclus dans l'intersection de l'ensemble N et du complément de N » se transpose en $p \rightarrow q \vee \neg q$, qui signifie : « d'une proposition p suit une proposition q ou la négation de q ». Chacun est un théorème valable dans son système respectif.

De cette manière, nous n'avons cependant pas encore défini le concept d'isomorphisme d'une façon suffisamment précise. Pour le but qui est le nôtre, nous avons besoin d'une différenciation plus fine. Celle-ci devrait devenir plus claire à partir de l'exemple qui suit : nous développons le calcul K_1, présenté dans le premier paragraphe, au moyen d'une règle supplémentaire, et le renommons K_{11}. Ensuite, nous définissons deux autres calculs, K_{12} et K_{13}, qui sont isomorphes à K_{11}, mais de façon différente.

K_{11} : Atomes : o, +
    Point de départ : (A_{11}) +
    Règles : (R_{11}) a $\rightarrow$ ao
              (R_{21}) a $\rightarrow$ +a+
              (R_{31}) ao $\rightarrow$ oa

K_{12} : Atomes : o, +
    Point de départ : (A_{12}) +
    Règles : (R_{12}) a $\rightarrow$ oa
              (R_{22}) a $\rightarrow$ +a+
              (R_{32}) oa $\rightarrow$ ao

K_{13} : Atomes :   *, Δ
      Point de départ :   (A_{13}) Δ
      Règles :   (R_{13}) a $\to$ a
                        (R_{23}) a $\to$ ΔaΔ
                        (R_{33}) a* $\to$ *a

Observons d'abord les deux calculs K_{11} et K_{12}. On peut montrer que la classe des figures dérivables dans K_{11} est identique à [17] celle des figures dérivables dans K_{12}. C'est en effet précisément le cas si les règles R_{12} et R_{32} sont admissibles dans K_{11} et si, d'autre part, les règles R_{11} et R_{31} le sont également dans K_{12}. Cette admissibilité peut être démontrée par le fait que R_{12} peut être éliminée dans K_{11}. On peut aussi montrer l'admissibilité de R_{32} à travers le principe d'inversion (cf. Lorenzen [25], pp. 26-31). De la même manière, on peut établir la preuve de l'admissibilité de R_{11} et de R_{31} dans K_{12}. On a montré ainsi que les calculs K_{11} et K_{12} peuvent être construits l'un à partir de l'autre, et nous nommons cette relation isomorphisme.

Tournons-nous maintenant vers les calculs K_{11} et K_{13}. Il est possible de construire l'un à partir de l'autre à travers les relations de substitution suivantes :

$$(D_1) * \rightleftharpoons o$$
$$(D_2) \Delta \rightleftharpoons +$$

Si on remplace les atomes de l'un des calculs avec ceux de l'autre conformément à ces définitions, alors l'un devient l'autre. Les systèmes ont la même construction structurelle, c'est-à-dire que, par substitution des éléments, les points de départ de l'un des systèmes deviennent ceux de l'autre système, de même, les règles fondamentales de l'un deviennent les règles fondamentales de l'autre, les règles admissibles de l'un deviennent celles de l'autre, et ainsi de suite, tandis que dans le premier cas les règles fondamentales de l'un des systèmes devenaient admissibles et inversement.

Nous appellerons la relation entre les calculs K_{11} et K_{13} « égalité de construction ». Il s'agit d'une forme triviale d'isomorphisme, qui, pour les mathématiques, est sans intérêt, car cela revient à une seule et même structure et le choix des signes est purement conventionnel. Par conséquent, on serait tenté de désigner deux systèmes, qui deviennent l'un l'autre par un simple échange de signes, comme étant simplement un seul et même système.

Il en va autrement quand on ne travaille pas sur des systèmes formalisés, mais sur des systèmes signifiants ou sur des systèmes dont la forme est historiquement déterminée, pour lesquels il s'agit de révéler la signification des éléments à travers une reconstruction formelle. Dans ce cas, les différences telles que, par exemple, celle entre les règles fondamentales et les règles admissibles, pourraient devenir pertinentes.

Une autre nuance du concept d'isomorphisme consiste en cela qu'un isomorphisme peut être partiel. Par exemple, un système peut contenir plus de signes qu'un autre, de sorte qu'une partie seulement des signes de l'un puissent correspondre à ceux de l'autre. Ou alors les règles peuvent ne correspondre qu'à une partie, comme c'est par exemple le cas entre les calculs K_I et K_{II} : la classe des figures dérivables dans K_I est une sous-classe de celle des figures dérivables dans K_{II}. Il en va ainsi entre [18] la théorie des ensembles et l'algèbre numérique. Si on fait correspondre à l'union d'ensembles la somme de nombres et à l'intersection d'ensembles le produit de nombres, alors on a deux lois de distributivité dans la théorie des ensembles, mais seulement une dans l'algèbre numérique.

§3. Isomorphisme et interprétation.

Notre intention dans ce travail est de construire, d'après la théorie présentée au §1, un calcul qui soit autant que possible isomorphe et de construction égale avec le système qu'Aristote développe dans les chapitres A1 à A7 des *Premiers analytiques*. Mais ce dont nous disposons immédiatement pour cela, c'est seulement le *texte* d'Aristote. Pour utiliser le concept d'isomorphisme, nous devons faire une différence entre le texte et le *système* du texte. Se pose alors la question de savoir si avec une telle différenciation ne se faufile pas déjà une interprétation naïve, qui devrait justement être écartée à travers l'utilisation du concept d'isomorphisme. Ce n'est manifestement pas le cas.

On peut se représenter le cas extrême dans lequel quelqu'un ne maîtrisant pas le grec ancien serait en mesure de découvrir dans le texte d'Aristote quelque chose comme une structure ou un système, en ne s'intéressant qu'à la composition des signes écrits sur le papier. Au moyen de la théorie de l'information, il est en effet possible de décrire objectivement et aussi exactement qu'on le désire le « système du texte »[38]. Il est certain que personne ne soutiendrait que de cette manière une interprétation quelconque serait effectuée, car les signes écrits ne correspondraient alors à aucune signification.

S'agissant du problème qui nous occupe, il n'est cependant pas nécessaire de faire retour au texte d'une façon si extrême. Il est parfaitement légitime de présupposer qu'une grande partie de la langue naturelle grecque est déjà comprise et interprétée, tant que les structures et concepts qui posent proprement problème sont laissés en suspens, pour commencer, et reconstruits au moyen d'un système isomorphe. De cette manière, on pourra, sans faire violence au texte, parler au sens strict d'un système d'Aristote, à condition d'observer les relations entre les mots grecs et les concepts qui sont pertinents pour le questionnement qui est le nôtre. Si dans ce qui suit apparait occasionnellement l'expression « isomorphisme avec le texte », ce sera une manière abrégée de dire « isomorphisme avec le système du texte ».

L'entreprise de construction d'un calcul isomorphe n'est naturellement pas pensée comme un jeu formel, ni comme une fin en soi. Il ne faut **[19]** d'ailleurs pas non plus penser que nous affirmions que la syllogistique assertorique, ainsi qu'on nomme habituellement le système d'Aristote, *serait* un tel calcul, ou qu'Aristote *voudrait dire* avec ses propres concepts des choses cor-

---

[38] A ce propos, voir l'appendice à la fin de ce chapitre.

respondant aux concepts de la logique moderne. Cependant la question de savoir ce que veut dire Aristote n'en reste pas moins notre thème central et le modèle formel que nous construisons vise à nous rapprocher d'une réponse à cette question.

Le problème est de savoir comment exprimer ce qu'Aristote veut dire autrement qu'à travers (dans le meilleur des cas) une paraphrase de ses propres mots (grecs). Or, comprendre signifie associer un sens à ces mots grecs, tel que nous puissions également l'exprimer dans notre propre langue. Nous estimons simplement ici que la chose, en principe, est possible, en nous appuyant sur l'idée qu'il existe des vérités immuables à travers l'histoire et que l'objet du texte d'Aristote, la logique, en fait partie.

Le problème de l'interprétation ne serait pas si difficile si nous savions aujourd'hui ce qu'est cette logique. Or, c'est bien la question de savoir si dans la compréhension de cette chose, abstraction faite d'une certaine maîtrise technique, nous sommes plus avancés que ne l'était Aristote. S'il est vrai que notre compréhension de ce qu'est la logique ne relève pas seulement d'une connaissance de la chose elle-même, mais est tout aussi historiquement conditionnée que l'était le propos d'Aristote, alors il n'est pas légitime de soutenir qu'une théorie moderne puisse constituer une interprétation adéquate de ce qu'a voulu dire Aristote. A chaque époque, des interprètes ont projeté leur propre compréhension de la logique sur les textes d'Aristote.

D'un autre côté, nous ne devons pas ignorer que dans toutes ces interprétations, même si aucune ne fut jamais vraiment à la hauteur d'Aristote, quelque chose de l'essence de la logique est venu au jour. Pour cela, il n'est pas absurde de revenir à la syllogistique d'Aristote avec un nouveau modèle formel, d'autant moins que les interprétations proposées jusqu'à ce jour ont laissé de nombreuses questions ouvertes. Il s'agira donc de confronter le texte d'Aristote avec une théorie formelle moderne, en ayant pleinement conscience de la situation herméneutique que nous avons décrite, et de dégager les isomorphismes, mais aussi les éléments qui ne sont pas isomorphes. Dans un cas comme dans l'autre, qu'il y ait isomorphisme ou pas, la confrontation de la théorie moderne et du texte permettra certaines observations, telles que la compréhension de la logique d'aujourd'hui, aussi bien que la compréhension historique d'Aristote, en seront toutes deux approfondies.

[20] Nous sommes aujourd'hui en situation de pouvoir appuyer un travail de ce type sur les analyses textuelles et philologiques de grande valeur qui ont été menées ces derniers temps. Il faut mentionner les travaux d'E. Kapp, à commencer par son livre *Greek Foundations of Traditional Logic*, [11] le commentaire des *Analytiques*, par W.D. Ross [2] et l'essai de G. Patzig, intitulée *Die aristotelische Syllogistik* [19]. Notre intention n'est pas d'ajouter quoique ce soit à ces travaux sur le plan philologique. Il ne sera pas non plus question de problèmes logiques généraux qui se poseraient pour une exégèse complète des *Premiers analytiques* et qui, pour une part, sont déjà classiques. C'est bien plutôt un aspect déterminé de la logique moderne qui sera reporté sur le texte d'Aristote, au premier chef les chapitres A1 à 6 des *Premiers analytiques*. Il suit de la spécificité du modèle formel utilisé que l'essentiel de la recherche portera sur la méthode de réduction des syllogismes et sur le concept de nécessité logique, tandis que d'autres questions complexes comme l'organisation des figures, les preuves de non-conclusivité, les preuves par ecthèse et l'ensemble de la logique modale, ne seront traitées que de façon marginale voire pas du tout.

Appendice : sur l'utilisation de la théorie de l'information.

La théorie de l'information est liée au problème de la transposition successive d'un texte, qui consiste en la combinaison d'une quantité finie d'éléments (signes écrits). La question est de savoir selon quel degré de probabilité sera transcrit un certain signe écrit tiré d'une classe donnée d'éléments. Cette vraisemblance sera déterminée à travers la fréquence relative avec laquelle apparaissent les différents signes dans l'ensemble du texte ; mais elle dépend également des signes qui sont déjà apparus. On peut ainsi déterminer la probabilité de l'apparition d'une lettre en fonction d'une, deux, trois voire davantage de lettres déjà inscrites. Si on applique cette méthode aux groupes de lettres isolés qui forment les mots du langage, alors on parvient à ce résultat, que seule une petite partie des combinaisons de lettres possibles apparait avec une probabilité finie, laquelle correspond à vrai dire aux mots du langage. Pour toutes les autres, la vraisemblance est nulle. On peut transposer cette méthode aux mots en tant qu'ils constituent les formes d'unité immédiatement supérieures, et donc se demander selon quelle probabilité doit apparaitre un mot déterminé, quand d'autres mots sont déjà connus. Enfin, on peut procéder de la même façon avec des groupes de mots (parties de phrases ou phrases entières). On obtient alors un tableau de valeurs de probabilité pour les lettres, les mots, les phrases…etc. qu'on appelle la structure ou le système d'un texte.

S'il apparaît dans un texte que la probabilité d'un certain groupe de signes ou de mots est de 1 et qu'elle est de 0 pour tous les autres, [21] lorsqu'un certain groupe de signes ou de mots est déjà donné, alors on a affaire à un système formaliste. Dans ce cas, le nouveau groupe de signes ou de mots ne contient aucune information, car il est complètement déterminé selon les règles contenues dans le système à partir des groupes de signes ou de mots déjà apparus. Dans l'absolu, ce cas ne devrait pas apparaître dans le texte qui nous occupe. Mais considérons, par exemple, le groupe de mots « Si A appartient à tout B et B appartient à tout C ». Supposons que suivent les groupes de mots « alors A appartient nécessairement à tout C » avec une probabilité de 60%, « alors A sera accordé à tout C » avec une probabilité de 30% et « alors A sera dit nécessairement de tout C » avec une probabilité de 10 %. A travers la disjonction de ces trois cas, on obtient une probabilité d'exactement 1. Or, on peut parler de système *formel* quand il existe une interprétation à partir de laquelle les trois groupes de mots différents qui donnent ensemble la probabilité 1 sont équivalents, c'est-à-dire qu'ils peuvent être substitués les uns aux autres.

Ainsi, tandis que les concepts « système par excellence » ou « système formaliste » désignent des caractéristiques qui peuvent être découvertes dans un texte en tant que tel, ce n'est pas sans une certaine interprétation que nous pouvons, dans le cas qui nous concerne, en venir à la description du système formel d'un texte, auquel le concept d'isomorphisme est relié. Mais ce n'est pas là un obstacle à notre projet, car nous revendiquons qu'une absence absolue de présupposé n'est jamais donnée et que nous utilisons au moins toujours la grammaire et le dictionnaire. Du reste, la quantité d'interprétation dont nous avons besoin pour rendre manifeste le système formel du texte peut être contrôlée et elle est, à quelques détails près, clairement identique à l'usage normal du dictionnaire et de la grammaire.

Chapitre 2.
Le calcul K_s comme modèle formel.

§4. Définition du calcul

[22] Nous définissons maintenant un calcul au sens de la théorie exposée au §1 et nous le nommons K_s. Ce calcul a la propriété de ne consister qu'en un ensemble de règles. Les points de départ des dérivations doivent être choisis à partir de la classe potentiellement infinie des phrases dérivables dans le calcul[39] K^*_s. Ces phrases sont des relations binaires de figures que nous nommons prédicats. Les atomes de K^*_s sont par conséquent, d'un côté, un nombre infini de prédicats : 𝔄, 𝔅, ℭ, ... et, d'un autre côté, un nombre fini de constantes de relations, les quatre suivantes : a, e, i, o. Comme variables pour les prédicats nous utilisons les lettres latines en gros caractères : $A, B, C, ...$ Ces signes seront aussi bien utilisés comme véritables variables de prédicats que comme variables conventionnelles (*mitteilungsvariable*) indiquant des prédicats concrets. La constitution du système nous autorise à négliger cette différence.

Le calcul K^*_s a pour règles :

$$K^*_s \; (D^*_1) \; AaB$$
$$(D^*_2) \; CeD$$
$$(D^*_3) \; EiF$$
$$(D^*_4) \; GoH$$

A travers ce calcul sont définis quels sont les points de départ possibles pour le calcul K_s. Une dérivation concrète dans K_s contient donc, comme points de départ, des figures qui sont produites d'après D^*_1-D^*_4, par exemple 𝔄a𝔅. La question de savoir quelles figures doivent être produites comme points de départ d'une dérivation est laissée ouverte dans ce système. Une condition acces-

---

[39] Je dois au professeur Patzig la suggestion de construire la définition des prémisses à partir d'un calcul auxilliaire

soire est qu'avec deux prédicats donnés, on ne puisse produire qu'une des relations définies à travers D^*_1-D^*_4, et aucune autre. Il est possible qu'à partir d'une règle du calcul K_s, une relation suive d'une autre, mais alors cela ne concerne pas le calcul K^*_s.

[23] Venons-en aux règles du calcul K_s, qui sont définies de la façon suivante :

$$
\begin{aligned}
K_s\ (R_1)\quad & AeB \rightarrow BeA \\
(R_2)\quad & AaB,\ BaC \rightarrow AaC \\
(R_3)\quad & AeB,\ BaC \rightarrow AeC \\
\\
(D_1)\quad & AaB,\ AoB \rightarrow \wedge \\
(D_2)\quad & AeB,\ AiB \rightarrow \wedge \\
(D_3)\quad & AaB,\ AeB \rightarrow \wedge \\
\\
(R_{4,1})\quad & AaB \rightarrow \wedge \dashrightarrow AoB \\
(R_{4,2})\quad & AeB \rightarrow \wedge \dashrightarrow AiB \\
(R_{4,3})\quad & AiB \rightarrow \wedge \dashrightarrow AeB \\
(R_{4,4})\quad & AoB \rightarrow \wedge \dashrightarrow AaB \\
\\
(R_5)\quad & AaB,\ BiC \rightarrow AiC \\
(R_6)\quad & AeB,\ BiC \rightarrow AoC
\end{aligned}
$$

Il est d'abord caractéristique de ce système de règles, que les formes sous-jacentes à toutes les règles, abstraction faite des définitions, consistent en des figures qui ont les mêmes formes que les phrases du calcul K^*_s, donc les points de départ possibles pour K_s. Cela signifie qu'à partir de plusieurs figures de la forme AxB (x étant ici une variable pour a, e, i, o), c'est toujours une figure de la forme AxB qui est produite. A chaque étape d'une dérivation, la figure produite a donc la forme AxB. Autrement dit, toutes les phrases du calcul Ks ont la forme AxB.

Etant donné, comme nous l'avons déjà dit, qu'aucun point de départ déterminé n'a été défini, mais seulement la forme générale des points de départ possibles, toutes les affirmations de dérivabilité sont toujours relatives aux points de départ qu'on aura posés à la base. Pour cette raison, on n'a pas besoin, pour faire des observations générales sur le calcul, des prédicats concrets $\mathfrak{A}$, $\mathfrak{B}$, $\mathfrak{C}$, ..., mais juste de se servir de variables conventionnelles de prédicats. Les affirmations de dérivabilité à propos des phrases sont donc équivalentes aux affirmations d'admissibilité à propos des règles. Une affirmation de dérivabilité serait par exemple :

$$AeB, BiC \vdash AoC$$

A, B, C sont ici les variables informatives de prédicats. L'affirmation de dérivabilité équivalente serait :

$$\vdash AeB, BiC \to AoC$$

Ici, *A, B, C* sont de véritables variables de prédicats.

Il est évidemment possible de définir en tant que points de départ une classe finie de relations avec des prédicats concrets. **[24]** On obtiendrait alors un calcul dans lequel le concept d'une dérivabilité absolue aurait sa place.

D_1, D_2 et D_3 sont les règles de définition pour le signe $\wedge$, que nous nommons « contradiction ». Nous aurons à nous occuper de l'interprétation de ce symbole lorsque nous chercherons l'isomorphisme de notre système avec celui d'Aristote. Pour le moment $\wedge$ est introduit de façon purement définitionnelle. Mais nous l'utilisons malgré tout, dès maintenant, de la manière qui est usuelle en logique. En nous basant sur les définitions D_1 et D_2, nous pouvons établir que le groupe de règles suivant est admissible :

$$\begin{array}{ll} AaB \dashrightarrow AoB \to \wedge & \\ AeB \dashrightarrow AiB \to \wedge & (4,1) \\ AiB \dashrightarrow AeB \to \wedge & \\ AoB \dashrightarrow AaB \to \wedge & \end{array}$$

L'admissibilité peut être prouvée selon la protologique. Le passage ainsi accompli correspond à la loi d'exportation dans le « calcul des propositions ». Si nous introduisons comme variables de phrases, c'est-à-dire de figures de la forme AxB, les signes p, q, r, nous avons la possibilité, en nous appuyant sur l'interprétation courante dans la logique opérative

$$\neg p \rightleftharpoons p \rightarrow \wedge, \qquad (4,2)$$

de définir pour notre calcul la négation d'une phrase. Nous obtenons alors à partir de (4,1) :

$$\begin{aligned} AaB &\rightarrow \neg AoB \\ AeB &\rightarrow \neg AiB \\ AiB &\rightarrow \neg AeB \\ AoB &\rightarrow \neg AaB. \end{aligned} \qquad (4,3)$$

De là suit $AaB \rightarrow \neg\neg AaB$, qui dans sa forme généralisée donne :

$$p \rightarrow \neg\neg p \qquad (4,4)$$

Au signe $\wedge$, on peut d'emblée rattacher une condition concernant le choix des formules initiales : leur combinaison doit être telle que dans toute dérivation directe, c'est-à-dire toutes celles qui n'utilisent que les règles R_1-R_3, $\wedge$ ne soit jamais dérivable. Le système de règles R_1-R_3 a cette propriété qu'il donne des combinaisons de points de départ qui satisfont à cette condition. Si $\wedge$ est dérivable, cela ne peut alors venir que du choix des points de départ.

Les règles $R_{4,1\text{-}4}$ décrivent quant à elles une opération dans le calcul pour le cas où $\wedge$ a été dérivé. Les formules antécédentes de ces règles, par exemple $AaB \rightarrow \wedge$, énoncent qu'après l'ajout de cette figure [25], dans l'exemple AaB, aux autres, $\wedge$ est dérivable, et que par contre ce n'est pas possible sans cette figure. Il s'agit vraiment là de règles fondamentales du calcul K_s, car, à travers elles, la classe des figures dérivables avec les règles R_1-R_4 est augmentée. Par exemple, avec les règles R_1-R_3, NoX n'est pas dérivable de MaN et de MoX, mais le devient avec R_2 et $R_{4,1}$.

Ce qui s'ajoute ici au calcul est précisément ceci que la flèche principale dans la règle (4,1) peut valoir selon la direction inverse.

Si on utilise la définition de la négation (4,2), les règles (4,3) valent aussi selon la direction inverse, et par conséquent on parvient à une double équivalence entre les phrases simples et négatives :

$$\begin{aligned} AaB &\leftrightarrow \neg AoB \\ AeB &\leftrightarrow \neg AiB \\ AiB &\leftrightarrow \neg AeB \\ AoB &\leftrightarrow \neg AaB \end{aligned} \qquad (4,5)$$

Dans le calcul ainsi augmenté, on a aussi :

$$\neg\neg p \rightarrow p. \qquad (4,6)$$

Nous arrivons à la même règle (4,6), si en plus de la négation, nous définissons aussi la disjonction (le signe $\vee$, « ou ») et si nous ajoutons au calcul, à la place de la règle R_4 le *« tertium non datur »* (principe du tiers exclu) $p \vee \neg p$. Lorenzen a montré ([25] p. 80-84) que toutes les phrases qui seraient dérivables dans un calcul auquel on aurait ajouté le principe du tiers-exclu et donc la disjonction, sont dérivables (à partir du moment où elles ne contiennent pas elles-mêmes le signe « ou ») dans un calcul qui ne contient pas la disjonction, mais dans lequel, pour toutes les phrases, la règle (4,6) est admissible. En ce sens, nous devrions affirmer, que le groupe de règles désigné par R_4, est équivalent au principe du tiers-exclu.

Les règles $R_{4,1-4}$ sont en vérité des métarègles, c'est-à-dire qu'elles ne font pas qu'ajouter au calcul des figures dérivables, mais contiennent aussi – dans leurs formules antécédentes – une phrase *à propos* du calcul, à savoir une affirmation de dérivabilité, du type : « Si du fait de l'ajout de AaB au calcul, $\wedge$ devient dérivable, alors... ». La formule antécédente appartient ainsi à un niveau supérieur, étant donné qu'elle désigne non pas une figure dérivée, mais une opération de dérivation. Toutefois, l'utilisation des règles R_4 ne présuppose pas davantage la logique au sens authentique que les autres règles, mais seulement l'acte d'opérer schématiquement, car une affirmation de dérivabilité peut être prouvée à travers l'effectuation de la dérivation affirmée.

[26] Pour finir, il faut encore dire du calcul K_s que les deux règles R_5 et R_6 ne sont pas des règles fondamentales, mais juste des règles admissibles. Elles peuvent être éliminées à travers le calcul défini à travers les règles R_1-R_4. Nous les ajoutons cependant au calcul en vue d'une meilleure correspondance avec la syllogistique d'Aristote.

Notre calcul a beaucoup de ressemblances avec un système de règles qu'a proposé Lorenzen [13] pour montrer comment la syllogistique pouvait être interprétée comme une partie de la logique de l'implication (*implikationslogik*). Nous poursuivons en effet un but semblable, à cette différence près que le questionnement de Lorenzen se rapporte à la syllogistique traditionnelle tandis que le nôtre se rapporte en un sens rigoureusement historique à Aristote.

§5. Preuve de l'isomorphisme.

Nous soutenons maintenant que le calcul K_s est isomorphe avec la syllogistique d'Aristote, ou plus exactement avec la théorie aristotélicienne du syllogisme assertorique. Il est évident qu'il ne peut s'agir en cela que d'un isomorphisme partiel, car il serait absurde de supposer qu'un texte historique tel que celui d'Aristote puisse être complètement reconstruit à travers un calcul moderne. Il convient cependant d'établir précisément jusqu'où va cet isomorphisme entre les deux systèmes.

Continuons en introduisant d'abord par définition un certain nombre de correspondances entre les éléments de chaque système (chez Aristote, il s'agit de mots du langage naturel). Ensuite, on cherchera si, à partir de cette base et de l'isomorphisme soutenu, d'autres concepts, structures, etc... peuvent être mises en correspondance. On trouvera dans le tableau 1 de l'appendice 1 à la fin de l'article les premières correspondances.

Ce tableau exige un bref commentaire. (1) Nous avions, par définition dans le calcul K_s, nommé « prédicats » les signes 𝔄, 𝔅, ℭ, ... et nous n'avions rien fixé concernant la signification de ce mot. Il est vrai que dans ce contexte il n'a pas de signification sinon celle d'être compris comme le nom de la figure correspondante. On pourrait donc aussi bien dire « figure » ou « atome ». Les éléments correspondants dans le système d'Aristote sont, en revanche, des prédicats au sens authentique du mot, c'est-à-dire des concepts généraux qui peuvent être dits de quelque chose et qui indiquent une classe de choses dont, par ailleurs, quelque chose peut être dit.

(2) Les lettres majuscules grecques employées par Aristote seront associées aux lettres majuscules grecques du calcul, c'est-à-dire aux variables. On peut considérer qu'ici, on trouve entre les éléments **[27]** une certaine unité de contenu, même si une interprétation allant dans le sens d'une identification n'est peut-être pas tout à fait admissible. Il est notoire qu'Aristote soit le premier à avoir employé des lettres dans les recherches logiques. Łukasiewicz [15] le nomme l'inventeur de la variable. Si on cherche à expliquer comment on a pu en venir à cette invention, il faut partir du fait que le syllogisme était déjà connu, au sens de la définition d'Aristote, avant que celui-ci ne le formule à l'aide de lettres[40]. Pour exprimer la spécificité de la conséquence nécessaire, on a d'abord utilisé comme exemple des termes concrets. On fit ensuite en sorte que ces termes ne soient pas mésinterprétés, mais qu'ils fonctionnent vraiment comme exemples, c'est-à-dire comme quelque chose à quoi on puisse substituer autre chose. La meilleure façon d'éliminer cette mésinterprétation, c'est de mettre à leur place des signes qui n'ont aucune signification dans la langue employée, par exemple des lettres isolées. Ces lettres indiquent expressément qu'on peut mettre à leur place n'importe quels prédicats. Aristote accomplit donc aussi lui-même une telle innovation formelle.

Dans notre théorie de calcul, les choses se comportent d'une façon similaire. La règle R_2 du calcul K_1 (§1) « a → + a + » peut être à peu près exprimée au moyen de figures concrètes prises comme exemples. Ce qui est en effet dit ainsi est qu'on peut produire « + + + » à partir de « + », ou « + + o + » à partir de « + o », ou encore « + + o o + » à partir de « + o o », et on peut procéder ainsi avec toute autre figure dérivée. Avec une quantité suffisante d'exemples,

---

[40] Notamment dans les Topiques, à ce propos cf. Kapp [10], [11]

on peut faire comprendre clairement la généralité visée. A supposer que quelqu'un ne connaisse pas le principe de la variable, c'est toujours ainsi qu'on chercherait à le lui expliquer.

Nous n'avons pas besoin de nous attarder dans ce contexte sur la question difficile de savoir comment les lettres aristotéliciennes se rapportent au concept d' « ὅρος », ni ce qu'il faut comprendre sous ce terme.

(3-6) Pour ce qui concerne les variables de relations a,e,i,o, on ne peut proposer qu'une équivalence implicite en relation avec les variables associées. L'interprétation des lettres minuscules, que nous avons introduites pour cela, ne correspond pas à l'usage dans la logique traditionnelle ($AaB \rightleftharpoons$ Tous les A sont B), mais à la relation inverse ($AaB \rightleftharpoons A$ est le cas pour tout B). Patzig a proposé cette interprétation des symboles a,e,i,o et l'a utilisée pour la première fois dans son livre [19]. Nous reprenons cet usage et nous nous y tenons dans ce qui suit.

(7) La virgule dans le calcul équivaut au « et » aristotélicien. Comme le montre Lorenzen dans sa fondation de la logique, **[28]** la virgule est équivalente à la conjonction (« et ») en logique des propositions, si on a ajouté cette dernière au calcul sur la base d'une interprétation opérative. Cette interprétation opérative est quelque chose d'essentiellement différent d'une définition sur la base d'un fondement par la valeur de vérité.

(8) La flèche, ici équivalente au « si – alors » aristotélicien, n'est pas davantage définie à travers la valeur de vérité, mais elle exprime une indication d'action. Nous nous écartons par conséquent des interprétations qui jusqu'ici ont considéré le « si – alors » aristotélicien en tant qu'implication, au sens de l'implication matérielle et formelle (Łukasiewicz [15], Bocheński [9], Patzig [19]. Nous reviendrons plus loin sur les problèmes liés à ce point. Pour le moment, rappelons encore une fois que nous ne proposons ici aucune interprétation, mais juste une correspondance formelle.

Venons-en maintenant aux correspondances qui suivent de l'isomorphisme des systèmes. Elles sont rassemblées dans le tableau 2 (annexe 1). Tandis que le premier tableau présente une définition qu'on peut établir de façon arbitraire, ce tableau contient, quant à lui, une fois que le premier a été posé, une affirmation qui demande à être vérifiée sur le texte, car les signes et les concepts de la colonne de droite sont fondés de façon univoque sur le calcul établi à la base et sur les signes fixés dans le tableau 1. Il faut donc prouver que les concepts de la colonne de gauche sont établis dans le système d'Aristote d'une manière isomorphe, à partir des concepts du tableau 1. Ce tableau requiert donc des explications peut-être plus détaillées. Il est clair que chaque affirmation ne peut pas s'appuyer sur un seul passage isolé du texte. Les choses s'éclaireront bien mieux à partir du texte pris dans son ensemble, en particulier celui des *Premiers analytiques*, A1-7, que le lecteur devra avoir présent à l'esprit pour suivre cette recherche.

(1) Avec le concept πρότασις, que nous traduisons dans ce qui suit par « prémisse », nous disposons de quoi établir un accord avec le concept de calcul correspondant. Cela vient de ce que la correspondance des constantes de relation *a,e,i,o* avec les concepts aristotéliciens est définie implicitement à travers des prémisses comportant des variables et ce n'est qu'ainsi qu'on peut les introduire d'une manière sensée. D'après la définition d'Aristote[41], qui correspond à notre calcul auxiliaire $K_s{}^*$, les quatre phrases grecques aux lignes 3 – 6 du tab.1 sont précisément les quatre *formes* **[29]** de prémisses assertoriques, prémisses qui sont des phrases telles qu'elles contiennent, à la place des lettres, des termes concrets. Remarquons que chez Aristote les formes des prémisses, selon le modèle « *A* est le cas pour *B* », n'apparaissent jamais seules, mais seulement dans l'ensemble d'un syllogisme. Dans le calcul K_s, AaB, AeB, etc... sont les *formes* des formules initiales ; ce sont par conséquent des points de départ déterminés consistant en figures telles que, par exemple, $\mathfrak{A}a\mathfrak{B}$.

(2) Nous avons déjà expliqué ce que sont les règles dans le calcul K_s. Ce sont les indications d'action, formulées au moyen des symboles « , » et « → », et définies au moyen des règles $R_1 – R_6$. Nous laissons de côté, pour le moment, $D_1 – D_3$, en tant que règles d'un type particulier. En se basant sur la correspondance définitionnelle (tab.1), ces règles correspondent aux enchaînements de formes de

---

[41] *Premiers Analytiques*, A1, 24a 16-22 ; 24b 16-18.

prémisses fixés par Aristote au moyen des mots de liaison « καί » et « εἰ - ἀνάγκη »[42]. Le tab.2 affirme maintenant que ces enchainements ont chez Aristote le nom de « syllogisme ». Il y a deux possibilités pour vérifier cette assertion : 1. à l'aide du fait qu'Aristote propose une définition explicite du concept de « syllogisme », et 2. à travers une analyse de l'usage linguistique.

Reportons-nous d'abord à la définition[43] : « un syllogisme est un discours dans lequel, certaines choses étant posées, quelque chose d'autre que ce qui a été posé s'ensuit nécessairement, du fait que ce qui a été posé d'abord est ». Il est frappant que dans ce passage il ne soit pas du tout fait mention des prémisses. Cela va sans doute de pair avec le fait qu'Aristote a repris ici la définition des *Topiques*[44], dans lesquelles il n'était pas encore en possession d'une définition précise des prémisses. Normalement, les mots « τινῶν » et « ἕτερόν » désignent à chaque fois les prémisses. On ne peut cependant pas conclure avec certitude qu'il n'y ait pas aussi quelque chose d'autre qui soit ici en question. En outre, l'expression « λόγος » est problématique. Elle a, chez Aristote[45] comme en grec en général, la signification indéterminée de « discours » (*sprachlichen Ausdrück*), qui outre une phrase <déclarative> au sens véritable (λόγος ἀποφαντικός), peut aussi désigner une question, une requête ou un ordre. De plus, dans la théorie des proportions, elle est également utilisée au sens de « rapport ». En revanche, on peut certainement considérer que « ἐξ ἀνάγκης συμβαίνειν » désigne bien ce qui, dans l'exemple de syllogisme qu'Aristote propose à la suite, est désigné à travers l'expression « εἰ - ἀνάγκη ». **[30]** On peut soutenir que cette définition permet de subsumer sous le concept de « syllogisme » ce qui est en corrélation, dans le texte d'Aristote, avec les règles $R_1 - R_6$. Il y a bien un isomorphisme au regard de cette définition. La question est maintenant de savoir ce qu'il en est de l'usage linguistique d'Aristote.

---

[42] D'autres expressions peuvent aussi prendre la place de « εἰ - ἀνάγκη ». A ce propos, voir Patzig [19] §6, p.25-30
[43] Pr. An, A1, 24b 18-20
[44] Topiques, A1, 100a 25-27
[45] De l'interprétation. 4, 16b 26 – 17a7

Il nous faut ici malheureusement constater qu'en fait Aristote n'appelle pas syllogisme tout ce qui correspond aux règles du calcul K_s, et du reste pas non plus ce qui tombe sous sa propre définition. On peut distinguer chez lui trois groupes de règles : les premières sont celles qu'il nomme proprement syllogismes et qui consistent toutes dans une relation de conséquence entre deux prémisses et une conclusion. En ce qui concerne le deuxième groupe, savoir s'il les a nommées syllogisme ou pas est problématique ; il s'agit du « *syllogismus per impossibile*[46] ». Quant au troisième groupe, il est clair qu'il ne les a pas comptées parmi les syllogismes : ce sont les règles de conversion.

Si on se demande pourquoi il en est ainsi, on doit invoquer, pour expliquer le cas de ces dernières, ce que Kapp ([10], sp. 1057) dit à propos du « ἕτερον » de la définition du syllogisme : cette explication se fonde sur la praxis du jeu dialectique[47]. Les prémisses doivent être « autres » au sens où le partenaire qui les a posées n'a pas encore remarqué qu'elles impliquaient la conclusion. D'après cela, « autres » doit être compris au sens psychologique et non pas au sens formaliste.

La question est plus difficile dans le cas de la méthode de preuve indirecte. Aristote la nomme explicitement (par exemple, *Premiers analytiques*, A23, 41a36) « συλλογισμὸς διὰ τοῦ ἀδυνάτου » et montre ensuite (*Pr. An.* B11-14) que chaque phrase qu'on peut prouver par ce moyen est aussi dérivable au moyen d'un syllogisme direct. Il décrit le *syllogismus per impossibile* dans plusieurs passages (*Pr. An.* A23, A44, B11-14), mais ne le formule jamais sous la forme d'un énoncé complet du type si-alors. Il propose toujours plutôt une description plus ou moins compliquée d'un procédé, dont il apparait qu'à chaque fois, ce qu'il en dit est isomorphe à la règle R_4 du calcul Ks. Les formules antécédentes correspondent par ailleurs à des syllogismes directs. Le problème qu'il est difficile de trancher à partir du texte est de savoir si Aris-

---

[46] Même s'il est moins usuel en français qu'en allemand d'utiliser l'expression latine, nous la conservons ainsi faute d'avoir trouvé une expression concise pour désigner le syllogisme qui procède d'une preuve par l'impossible. (N.d.T)

[47] Comparer aux pages 47 - sq

tote appelle « *syllogismus per impossibile* » tout le procédé permettant de dériver la conclusion, donc le corrélat de R_4, ou s'il ne le nomme ainsi, ce qui est plus vraisemblable, que dans la mesure où il y est utilisé un syllogisme direct.

Nous aurons encore à nous occuper plus loin thématiquement du *syllogismus per impossibile*. Dans le présent contexte, il n'est pas question d'expliquer en détail pourquoi Aristote ne nomme pas syllogisme tout ce qui fonctionne en tant que règle dans son système. Il suffit avant tout ici de remarquer que [31] l'isomorphisme n'est pas parfait à cet endroit. A vrai dire, toutes les règles du syllogisme aristotélicien correspondent aux règles du calcul K_s, mais tout ce qui correspond aux règles du calcul K_s ne s'appelle pas syllogisme chez Aristote.

Au demeurant, cette différence n'est qu'une affaire de dénomination, qui n'a pas une grande importante pour ce qui concerne la structure d'ensemble du système. Les corrélats de la règle en question apparaissent tous chez Aristote et, du point de vue de leur fonction dans le système, on a bien un isomorphisme parfait, comme on le verra par la suite. D'ailleurs, il n'y aurait aucune contradiction immanente à la syllogistique, si on désignait aussi les règles de conversion comme syllogismes.

Par cette identification du syllogisme et de la règle, nous sommes apparemment en accord avec la logique traditionnelle. Mais ce n'est qu'apparemment. Il est manifeste, si l'on y regarde de plus près, que nous avons affaire à deux concepts de règle essentiellement différents. Une règle, au sens de notre théorie du calcul, est une indication d'action, qui n'énonce en rien *pourquoi* il faut opérer ainsi et pas autrement. Il en est convenu ainsi dans notre calcul, mais on a, en principe, la liberté de définir des calculs quelconques.

Dans la logique traditionnelle, l'expression de règle a la signification de quelque chose qui est inconditionnellement établi, que tout acte de penser doit suivre, s'il veut satisfaire l'exigence de vérité. Par exemple, Kant, qui a repris d'une longue tradition une telle conception de la logique (*Crit. R. Pure*, A52), écrit : « La [logique de l'usage général de l'entendement] contient les règles absolument obligatoires du penser, sans lesquelles aucun usage de l'entendement n'est simplement possible ». On a souvent réfléchi à ce qu'il fallait entendre par cette obligation, qu'on a souvent rendue, en s'appuyant sur Aristote, au moyen du mot « nécessité » : est-elle d'ordre normatif, comme les règles éthiques, ou d'ordre psychologique et fondée sur l'entendement pensant, ou encore d'ordre métaphysique et relevant alors d'une régularité inhérente à l'étant lui-même ? Si l'on renonce à ces questions d'interprétation, alors il faut dire que cette conception traditionnelle de la règle est, dans tous les cas, plus proche de ce qu'Aristote entend par syllogisme que le concept de règle de notre théorie du calcul.

Nous nous heurtons ici à une limite [de la portée] de notre reconstruction du système formel. Aristote a une représentation claire du fait que les relations « si – alors » qu'il désigne comme syllogismes se distinguent de toutes les autres de façon décisive, en cela qu'elles sont, en tant que règles, *valables* en un sens tout à fait déterminé. Nous chercherons plus loin ce qu'il faut entendre par là. Pour le moment, il suffit d'avoir montré que les syllogismes ont la structure de règles, mais **[32]** qu'en raison de leur signification linguistique, ils sont quelque chose de plus que de simples règles d'un calcul.

(3) La règle R_1 correspond chez Aristote au passage[48] : « Si A n'est le cas pour aucun B, alors B n'est le cas pour aucun A. » On sait bien qu'Aristote appelle cette règle ἀντιστροφή, « conversion ». Cependant, il y a encore dans son système deux règles d'une même sorte : la conversion de la prémisse affirmative particulière et celle de l'affirmative universelle dans la particulière (*Premiers analytiques*, A2, 25a 17-22). Mais ces deux règles vont être prouvées par Aristote à partir de la première et, par conséquent, ramenées à la première ; à ce fait correspond dans le calcul K_s le fait que les règles (R_7) $AaB \rightarrow BiA$ et (R_8) $AiB \rightarrow BiA$ y sont admissibles. Cette admissibilité peut être prouvée à travers une méthode d'élimination que nous pouvons présenter de la manière suivante :

---

[48] Pr. An. A2, 25a15-16

$$
\begin{array}{lll}
\vdots & & \\
m & AaB & \\
\vdots & & \\
m \to n & BiA & (R_7) \\
\vdots & &
\end{array}
$$

C'est la forme d'une dérivation quelconque, dans laquelle l'expression *AaB* apparait à la *m-ième* ligne. *A* et *B* sont ici des variables indicatives pour des prédicats concrets. A la ligne *n* est accompli le passage vers *BiA* par l'utilisation de R_7. Mais cette ligne peut être remplacée par une dérivation dans K_s de la façon suivante :

$$
\begin{array}{lll}
\vdots & & \\
m & AaB & \\
n & BeA & \text{(ajouté au calcul)} \\
n \to n+1 & AeB & (R_1) \\
m, n+1 \to n+2 & \wedge & (D_3) \\
n \to \wedge \dot\to n+3 & BiA & (R_{4,2}) \\
\vdots & &
\end{array}
$$

Cette dérivation est, après tout ce qui a été dit sur les fondements de la théorie de calcul que nous avons prise comme fondement, compréhensible sans davantage d'explication. *BiA* étant dérivable à partir de *AaB* dans K_s, l'admissibilité de R_7 dans K_s est prouvée.

Or, il est intéressant de constater que la réduction qu'Aristote effectue dans le passage textuel correspondant procède de façon analogue. [33] On peut faire correspondre immédiatement à chaque phrase une ligne des deux dérivations que nous venons de proposer. Le passage dit[49] : « Mais si *A* se dit de chaque *B*, alors *B* sera le cas pour tel *A* » (R_7) ; « car s'il n'était le cas pour aucun (ligne *n*), « alors *A* ne serait le cas pour aucun *B* » (ligne n+1), « mais nous avons posé qu'*A* se dit de chaque *B* » (ligne *m*). La manière dont Aristote s'exprime est très serrée. On peut cependant compléter : « mais il est impossible qu'*A* soit également le cas pour chaque *B* et

---

[49] Pr. An. A2, 25a 17-19

pour aucun B » (ligne $n+2$), « il s'ensuit nécessairement que B est le cas pour tel A » (ligne $n+3$).

L'élimination de la troisième règle de conversion $AiB \to BiA$ (R_8) procède de façon analogue :

$\vdots$	$\vdots$	
$m.$	AiB	
$n.$	BeA (ajouté au calcul)	
$n \to n+1$	AeB	(R_1)
$m, n+1 \to n+2$	$\wedge$	(D_2)
$n \to \wedge \to n+3$	BiA	($R_{4,2}$)
$\vdots$	$\vdots$	

La comparaison avec le texte d'Aristote[50] donne la même concordance que pour la seconde règle de conversion.

Nous voyons déjà ici que les règles auxquelles Aristote ramène le raisonnement correspondent aux règles admissibles dans le calcul K_s. Etant donné que notre modèle doit être construit de la même manière que le système aristotélicien, les implications présupposées chez Aristote sans être prouvées devraient aussi correspondre aux règles fondamentales du calcul et réciproquement. Cette condition n'est pas, à cet endroit, pleinement remplie. La première règle de conversion, qui correspond à la règle fondamentale R_1, n'est pas présupposée axiomatiquement chez Aristote, mais également prouvée, en fait, à travers le procédé qu'on appelle l'ecthèse. Ce procédé ne se laisse pas reconstruire sans ajout, étant donné qu'il présuppose une théorie de la structure interne des prémisses. Nous renonçons pour cette raison à reprendre à zéro l'élaboration d'une interprétation logique de la preuve de la règle de conversion et nous nous contentons de poser qu'elle correspond à une règle fondamentale du calcul K_s. C'est le seul endroit où le fait de négliger l'ecthèse dérange d'un certain point de vue l'isomorphisme, car autrement elle ne sert que de procédure de preuve supplémentaire en vue de la réduction des syllogismes, laquelle est aussi accomplie d'une autre façon. Elle est d'ailleurs habituellement mobilisée en

---

[50] Pr. An. A2, 25a 20-22

dernier lieu[51], d'où l'on peut supposer qu'Aristote confère plus de valeur aux autres procédés. **[34]**

(4) Venons-en maintenant au concept de syllogisme parfait. Dans la syllogistique assertorique, les syllogismes parfaits sont ceux de la première figure, c'est-à-dire, selon la désignation traditionnelle, les modes *barbara, celarent, darii, ferio*. Aristote en traite dans les *Premiers analytiques*, A4, et il y ramène les syllogismes de la deuxième et troisième figure en A5 et A6. On voit tout de suite que les règles R_1, R_2, R_3, R_5 et R_6 sont construites de façon isomorphe à ce syllogisme.

Dans ce cas, on a bien une correspondance étroite entre, d'une part, les syllogismes immédiatement présupposés et ceux qui peuvent y être ramenés, et d'autre part, les règles fondamentales et les règles admissibles. C'est une chose connue qu'Aristote ramène, en A7, les modes *darii* et *ferio* au mode *celarent*. Cette réduction correspond à la possibilité d'éliminer les règles R_5 et R_6 dans K_s.

On sait aussi que le concept « parfait » n'est pas identique chez Aristote à celui de « non réductible », de même que les syllogismes parfaits ne correspondent pas aux règles fondamentales de notre calcul. Il n'y a que deux syllogismes qui ne sont pas réductibles à d'autres. De façon générale, ce sont plutôt ceux qu'on n'a pas *besoin* de ramener à d'autres, parce qu'ils sont évidents (à ce propos, voir Patzig [19] ch. III, pp. 52-93). Avec le concept d'évidence, nous nous heurtons encore à un état de fait qui n'est pas reconstruit dans notre système formel, étant donné qu'il est lié à la signification des règles chez Aristote.

(5) Si nous faisons correspondre le signe $\wedge$ au terme aristotélicien « ἀδύνατον », nous devons prouver qu'on trouve dans le système d'Aristote certaines définitions, qui correspondent aux règles D_1-D_3 du calcul. Il est tout d'abord clair que chaque preuve indirecte contient implicitement une règle de ce type. La question est maintenant de savoir si Aristote nomme explicitement ce qu'il utilise. Il convient ici de renvoyer à la célèbre formulation du principe de contradiction en *Métaphysique*, Γ3[52] : « Il est impossible que

---

[51] Justification chez Patzig [19], p. 166
[52] Mét. Γ 3, 1005b 19-20

quelque chose soit le cas et ne soit pas le cas d'une même chose et selon la même perspective ». Cette phrase ne correspond toutefois pas immédiatement aux définitions D_1-D_3, car elle se rapporte au simple fait d'être le cas ou de ne pas l'être pour un prédicat appliqué à un étant singulier, alors que les prémisses de la syllogistique expriment un rapport entre des termes, qui se disent l'un de l'autre. On doit aussi se référer aux passages[53] dans lesquels Aristote parle de la négation des phrases, c'est-à-dire ce qu'on a appelé plus tard les règles de la contradiction. [35] Celles-ci sont isomorphes à la négation dans le calcul K_s (les formules 4,5). A partir du principe de contradiction de *Mét.* Γ3, il apparait que deux prémisses contradictoires ne peuvent pas être vraies toutes les deux. Nous renonçons à présenter plus précisément cette relation, étant donné que nous aurions besoin pour cela, d'une part, d'une théorie des prémisses, et que, d'autre part, ce que nous affirmons ne s'éloigne nullement de l'opinion commune.

Par suite, les définitions D_1 et D_2 correspondent à la contradiction (ἀντικείμενον) et D_3 à la contrariété (ἐναντίον). A ces deux types d'opposition, s'applique la règle que l'opposition contraire implique la contradictoire. On peut exprimer cet état de fait soit à travers la règle D_3, ou alors à travers l'ajout de deux règles $AaB \rightarrow AiB$ et $AeB \rightarrow AoB$, qui correspondent à la règle de subalternation du moyen-âge. Ces deux présentations sont équivalentes. Dans le calcul, qui contient les règles de subalternation, D_3 est admissible, c'est-à-dire qu'elle peut être éliminée à travers l'une de ces règles et D_1 ou D_3. Dans le calcul contenant la règle D_3, les règles de subalternation sont admissibles, et éliminables à travers D_3 et R_4 (*reductio ad impossibile*). Nous avons choisi dans K_s la présentation avec l'opposition contraire D_3, car Aristote n'emploie jamais explicitement les règles de subalternation, alors qu'il fait un recours immédiat à l'opposition contraire dans de nombreuses preuves indirectes (par exemple celle de la deuxième règle de conversion).

Il convient ici de nouveau de se rendre attentif à la différence qui existe, à côté de l'isomorphisme, entre le système d'Aristote et

---

[53] De int. 7, 17a-18a ; Pr. An A1, 24 b 28-30 ; Pr. An. A 26, 43 a 2-9 ; Pr. An. B 8 59b 8 – 11; Pr. An. B 15, 63 b 23-30

le modèle formel. Dans le calcul K_s, le signe $\wedge$ est *défini* à travers les règles D_1-D_3. En revanche, chez Aristote, l'expression « impossible » a une signification déterminée et autonome, et elle sert en tant que *prédicat* pour désigner le fait que deux prémisses opposées soient acceptées ensemble. Dans la signification d' « impossible » est contenu le fait qu'en présupposant que dans une dérivation syllogistique, les prémisses adoptées soient vraies, une telle combinaison de prémisses désignée comme impossible ne pourra jamais être déduite. Les propriétés vrai et faux ne sont cependant pas définies pour les figures du calcul et ne peuvent être définies de manière opérative. Par conséquent, on ne peut pas affirmer la non-dérivabilité correspondante pour le signe $\wedge$ dans K_s, si ce n'est, de façon triviale, lorsqu'on choisit les prémisses conformément à cette condition.

(6) Les passages qui, dans le système d'Aristote, correspondent aux règles $R_{4,1\text{-}4}$, contiennent ce point d'obscurité dont nous avons déjà discuté et qui est relatif à l'usage linguistique du mot « syllogisme ». En dépit de cette difficulté terminologique, ce qui concerne proprement la structure du procédé dont il s'agit n'en est pas moins parfaitement claire. Aristote **[36]** propose suffisamment d'exemples pour ne laisser planer aucun doute sur ce qu'il a en tête ici. Par exemple, dans l'un des passages, il écrit[54] : « Dans toutes les dérivations qui procèdent par l'impossible, ce qu'on conclut est faux, mais par là on prouve la proposition de départ à partir de l'hypothèse, si en admettant son opposé (contradictoire) on aboutit à quelque chose d'impossible. Ainsi, on établit par exemple l'incommensurabilité de la diagonale par le fait que des nombres impairs deviennent égaux à des nombres pairs si on admet qu'elle soit contradictoire. On déduit donc que des nombres impairs sont égaux à des nombres pairs, mais que la diagonale soit commensurable, on le déduit, parce qu'à partir du contraire on obtient quelque chose de faux. »

Ce qu'on trouve ici est la description phénoménologique d'un procédé qui était connu et utilisé dans les pratiques de discussion et les mathématiques, bien avant qu'Aristote n'en traite de façon sys-

---

[54] Pr. An. A 23, 41 a 23 - 30

tématique. Il consiste à placer l'interlocuteur devant une alternative telle qu'il doit soit concéder la phrase en question, soit soutenir quelque chose de manifestement impossible. Etant donné qu'il ne choisira pas cette dernière solution, il est forcé d'admettre la phrase en question.

Si on symbolise le passage à une phrase déterminée d'après une règle par la flèche de notre calcul et si nous posons à la base l'ensemble des correspondances que nous avons déjà établies, alors il est clair que la règle R_4 reconstruit précisément ce qu'Aristote veut dire. Ce qu'on appelle la conversion du syllogisme (*conversio syllogismi*) est un cas particulier de ce même procédé, dans lequel les formules antécédentes de R_4 consistent en un seul syllogisme bien déterminé.

Aristote dit aussi que le procédé de l'abduction (*apagogische Verfahren*) repose sur le principe du tiers-exclu. Ainsi, par exemple, dans le passage suivant[55] : « Il apparait que dans tous les syllogismes on doit accepter, non pas le contraire, mais le contradictoire. On parvient ainsi à l'axiome convaincant et nécessaire suivant : si tout doit être soit affirmé, soit nié, alors il suit nécessairement que, si l'on a prouvé que la négation n'est pas vraie, l'affirmation [37] est vraie. Et à l'inverse : si on présuppose que l'affirmation n'est pas vraie, alors cela revient à dire que la négation l'est. » On formulerait cet état de choses de la façon suivante dans la langue symbolique moderne :

$$p \lor \neg p \dot\to \neg\neg p \leftrightarrow p$$

La différence est seulement que, chez Aristote, la deuxième négation est exprimée à travers le concept vrai et faux.

(7,8) Notre tableau de correspondance pose ensuite que les syllogismes imparfaits chez Aristote correspondent aux règles admissibles dans le calcul K_S, et que les expressions comme τελειοῦσθαι, περαίνεσθαι et d'autres[56], qui sont rassemblées traditionnellement sous le nom de réduction, désignent le processus d'élimination de

---

[55] Pr. An B 11, 62 a 11 - 17
[56] Sur l'usage de ces expressions, voir Patzig [19] p. 140-142

ces règles. On trouve ici le même rapport qu'entre les règles de conversion, qui peuvent être ramenées l'une à l'autre. Démontrons cela d'abord pour la réduction à travers la conversion des prémisses et ensuite pour la réduction à l'impossible.

Qu'on se souvienne d'abord que le concept d'admissibilité est défini dans K_s par le fait qu'à partir d'une combinaison donnée de figures, on ne peut pas dériver davantage de choses à travers la règle dite admissible qu'à travers les règles du calcul K_s seules. On peut prouver cette affirmation en remplaçant une dérivation, dans laquelle la règle en question apparaît, par une autre, dans laquelle apparaissent seulement les règles du calcul. Que ce procédé soit jusqu'au détail isomorphe à la réduction du syllogisme chez Aristote, on peut le montrer pour la réduction par la conversion des prémisses à partir de deux exemples du mode *festino* de la deuxième figure et *disamis* de la troisième figure[57].

D'abord *festino* : on lit dans le texte d'Aristote[58] : « Si M n'est le cas d'aucun N et de quelque X, il est nécessaire qu'N ne soit pas le cas pour quelque X. En effet, étant donné que la négation peut être convertie, N ne sera le cas d'aucun M. Or, on a posé au début qu'M est le cas pour quelque X. Donc, N ne sera pas le cas pour quelque X... » Le syllogisme formulé d'abord correspond à la règle déclarée admissible :

$$MeN, MiX \rightarrow NoX \qquad (R_{11})$$

[38] Ce qui signifie la même chose que l'affirmation que NoX est dérivable de MeN et de MiX.

$$MeN, MiX \vdash NoX.$$

Une dérivation contenant cette règle a la forme :

---

[57] Ces deux exemples sont également cités par Łukasiewicz [15] p. 51-54
[58] Pr. An. A5, 27 a 32 - 36

$$
\begin{array}{lll}
\vdots & & \\
l & MeN & \\
\vdots & & \\
m & MiX & \\
\vdots & & \\
l,m \to n & NoX & (R_{11}) \\
\vdots & &
\end{array}
$$

Aristote remplace maintenant l'emploi de R_{11} de la façon suivante :

$$
\begin{array}{lll}
l \to n & NeM & (R_1) \\
n, m \to n+1 & NoX & (R_6)
\end{array}
$$

A la ligne n correspond chez lui : « Etant donné que la négation peut être convertie (R_1), N n'est le cas pour aucun M. » A la ligne m : « On a posé au départ qu'M est le cas pour quelque X ». A la ligne $n+1$: « Ainsi, N n'est pas le cas pour quelque X ». Finalement, Aristote indique à propos de la règle employée (R_6) : « Par conséquent, cela produit un syllogisme par (διά) la première figure ».

Dans l'autre exemple, le texte déclare[59] : « Si R est le cas pour chaque S et P est le cas pour quelque [S], alors il est nécessaire que P soit le cas pour quelque R. Etant donné, en effet, que l'affirmation peut être convertie, S est le cas pour quelque P, et ainsi, comme R est le cas pour chaque S et que S est le cas pour quelque P, R est aussi le cas pour quelque P ; donc, P est aussi le cas pour quelque R. » A nouveau, la règle à éliminer est d'abord posée de la façon suivante :

$$RaS, PiS \to PiR \qquad (R_{15})$$

N'importe quelle ligne n, dans laquelle cette règle est employée, est remplacée par ce qui suit :

---

[59] Pr. An. A6, 28 b 7 - 11

$$\begin{aligned} & m \to n & & SiP & & (R_3) \\ & l, n \to n+1 & & RiP & & (R_5) \\ & n+1 \to n+2 & & PiR & & (R_3) \end{aligned}$$

Chaque ligne pourra être, ici aussi, mise en correspondance avec une phrase d'Aristote.

[39] L'ensemble restant des réductions par conversion des prémisses procède de façon analogue, de sorte qu'il serait superflu de toutes les exposer. Pour la réduction à l'impossible, le procédé est le même, à cela près qu'au lieu d'employer la règle de conversion, on emploiera le *syllogismus per impossibile*, qui correspond dans le calcul K_s à la règle R_4. Pour expliciter cela, invoquons à titre d'exemple la réduction des modes *baroco* de la deuxième figure et *bocardo* de la troisième figure[60].

D'abord *baroco* :

Le passage correspondant énonce[61] : « Si par contre M est le cas pour chaque N, mais n'est pas le cas pour quelque X, alors il est nécessaire que N ne soit pas le cas pour quelque X ; car s'il est le cas pour chaque et si M est aussi dit de chaque N, il est nécessaire que M soit le cas pour chaque X. Mais il était posé au départ que M n'est pas le cas pour quelque X. » Le syllogisme posé d'abord comme valable correspond dans K_s à la règle

$$MaN, MoX \to NoX \qquad (R_{12})$$

Une dérivation quelconque au moyen de cette règle a donc la forme :

$$\begin{aligned} & \vdots \\ & l \quad MaN \\ & \vdots \\ & m \quad MoX \\ & \vdots \\ & l, m \to n \quad NoX \qquad (R_{12}) \end{aligned}$$

---

[60] Les exemples sont également cités par Łukasiewicz [15] p. 54-57
[61] An. Pr. A5, 27 a 36 – 27 b 1

La ligne n est ici remplacée par :

n	NaX	(formule initiale ajoutée)
$l, n \rightarrow n+1$	MaX	(R_2)
$n+1, m \rightarrow n+2$	$\wedge$	(D_1)
$n \rightarrow n+2 \dashrightarrow n+3$	NoX	$(R_{4,1})$

A nouveau la comparaison avec le texte : ligne n : « car s'il est le cas pour chaque », ligne l : « et si M est aussi dit pour chaque N », ligne $n+1$: « il est nécessaire que M soit le cas pour chaque X. » ; ligne m : « Mais il était posé au départ que M n'est pas le cas pour quelque X ». Les lignes $n+2$ et $n+3$ sont à compléter : « mais il est impossible que M soit le cas pour chaque X et qu'il ne soit pas le cas pour quelque X. » ($n+2$) : **[40]** « Il doit donc être faux que N soit le cas pour tout X, et par suite il n'est le cas pour aucun » ($n+3$).

Dans le cas de *bocardo*, la preuve procède d'une façon tout à fait analogue. On lit dans le texte[62] : « Si R est le cas pour chaque S, mais P n'est pas le cas pour quelque S, alors il est nécessaire que P ne soit pas le cas pour quelque R. En effet, s'il est le cas pour chaque, et si R est le cas pour chaque S, alors P sera le cas pour chaque S. Mais tel n'était pas le cas ». A nouveau, la règle correspondante s'énonce de la façon suivante :

$$RaS, PoS \rightarrow PoR \qquad (R_{17})$$

Une ligne n, où cette règle est employée, sera remplacée de la façon suivante :

n	PaR	(formule initiale ajoutée)
$l, n \rightarrow n+1$	PaS	(R_2)
$n+1, m \rightarrow n+2$	$\wedge$	(D_1)
$n \rightarrow n+2 \dashrightarrow n+3$	PoR	$(R_{4,1})$

---

[62] Pr. An. A6, 28 b 17 - 20

L'admissibilité d'une règle $p \to q$ dans K_s signifie toujours la même chose que $p \vdash q$, autrement dit, dans le langage courant, que q est dérivable de p dans K_s. Chez Aristote, la validité d'un syllogisme signifie de façon correspondante que les conclusions suivent nécessairement des prémisses. La nécessité devient clairement lisible dans le fait que la conclusion peut aussi être dérivée à travers un syllogisme parfait et certaines règles admissibles dont la validité peut être reconnue intuitivement.

(9) Nous en venons à une autre correspondance, que nous avons affirmée en nous fondant sur l'isomorphisme entre les systèmes : l'expression ἀνάγκη correspond chez Aristote à la dérivabilité dans le calcul K_s, c'est-à-dire, dans le langage symbolique, à $\vdash$. Dans le calcul K_s, les phrases dans leur ensemble ont la forme de points de départ possibles. Par conséquent, on ne peut employer le prédicat « dérivable » de manière sensée que pour de telles figures, mais pas si on considère ces figures isolément, car dans le calcul aucune formule initiale n'est définie. Une affirmation de dérivabilité n'a de sens que si on donne aussi ce d'où ont été dérivées les figures concernées. On exprime cette dérivabilité relative dans le langage symbolique en écrivant, avant le signe d'affirmation, ce à quoi la dérivabilité est reliée, par exemple : *MaN, MoX* $\vdash$ *NoX* : « *NoX* est dérivable à partir de *MaN* et de *MoX* ».

L'usage que fait Aristote du prédicat « nécessaire » est tout à fait analogue, par exemple dans une phrase comme : « Si *M* n'est ni le cas pour chaque *N*, ni pour quelque *X*, alors il est nécessaire que *N* ne soit pas le cas pour quelque *X*. » **[41]** Patzig, dans son livre [19] aux pages 25-32, propose une analyse précise de l'usage des expressions qui désignent la nécessité. Il ressort de cela, (1) qu'Aristote n'associe le prédicat de nécessité qu'à des phrases de même forme que celles qu'il a définies comme prémisses, c'est-à-dire, en pratique, aux conclusions de syllogismes valides, (2) qu'Aristote fait une différence entre une nécessité relative (τίνων ὄντων ἀναγκαῖον) et une nécessité absolue (ἁπλῶς ἀναγκαῖον) et que dans le syllogisme assertorique nous n'avons affaire qu'à une nécessité relative. La nécessité absolue n'intervient que dans la logique modale. Ce concept se laisse reconstruire en accord avec tout le reste dans le calcul K_s si on définit des figures déterminées en tant que points de départ au moyen de prédicats concrets. On peut alors apposer le signe d'affirmation sur ces figures et dire que tout ce qui est dérivable à partir d'elles, au moyen des règles, est dérivable tout court.

A côté de l'isomorphisme, il y a là encore une différence entre les concepts correspondants relativement à leur contenu. Elle est liée à la différence déjà mentionnée entre syllogisme et règle. Comme le syllogisme n'est pas à proprement parler une règle au sens d'un calcul, la nécessité n'est pas non plus la dérivabilité selon une règle. Elle semble plutôt désigner chez Aristote ce qui est au fondement de la validité du syllogisme en tant que règle, à savoir la relation de conséquence entre des états de chose déterminés. Si l'un est donné, alors l'autre s'ensuit de façon nécessaire, au sens qu'Aristote donne à ce mot en *Métaphysique*, Δ5 : quelque chose qu'on ne peut pas changer par l'exercice d'une libre volonté.

Il est toutefois frappant que dans les principes de la logique modale, où l'on s'efforce, tout comme Aristote, de donner une base formelle à ce qui correspond aux expressions du langage naturel « nécessaire », « possible »... , le concept de dérivabilité joue également un rôle significatif. Dans la fondation opérative de la logique modale, Lorenzen ([25], p. 105) définit le concept de nécessité à travers la dérivabilité à partir d'un savoir préalable, et cela montre qu'en cela on a affaire pour l'essentiel à la même structure, laquelle, ainsi que l'a montré A. Becker [7], est également au fondement de la logique modale aristotélicienne, par exemple l'équivalence de « pas possible » et de « nécessairement pas ».

(10) Pour éclaircir le rapport entre le concept ὑπόθεσις et son corrélat dans le calcul K_s, concevons le calcul comme un système de règles de jeu, à la façon des règles d'un jeu de discussion, ce dont au demeurant nous aurons à reparler. En outre, supposons que nous soyons en possession d'un procédé permettant de savoir quelles figures concrètes doivent être posées comme points de départ d'une dérivation. A partir de ces présupposés, qui d'ailleurs constituent la condition pour pouvoir parler de la dérivabilité de façon sensée, le calcul offre toujours la possibilité de se servir de certaines figures,

dont l'aptitude à valoir comme points de départ d'après ce procédé n'est pas décidée, sous réserve de les ajouter au calcul. Cette possibilité pourrait servir une double intention : d'abord, si on s'intéresse seulement à la dérivabilité relative, c'est-à-dire si on se demande seulement si une figure déterminée est dérivable, *à condition qu'*une autre figure déterminée soit dérivable. Si on s'accorde avec le partenaire pour adopter l'une comme figure initiale, alors l'autre sera aussi dérivable. Ensuite, il y a une règle, en l'occurrence R_4, qui décrit une opération avec une figure qui ne *doit* pas appartenir aux points de départ. Une telle figure s'avère donc, à supposer que la règle fonctionne, incompatible avec les autres figures du jeu, dont la dérivabilité a été établie au moyen du procédé évoqué précédemment. Elle ne peut donc être introduite que de façon hypothétique ; la figure dérivée d'après R_4 est en revanche bien dérivable sans convention, et n'est pas relative sous réserve du point de départ ajouté.

L'isomorphisme avec le texte d'Aristote est manifeste. « Φανερὸν οὖν ὅτι οὐ τὸ ἐναντίον ἀλλὰ τὸ ἀντικείμενον ὑποθετέον » (62a11). Dans le cas de la méthode de preuve indirecte, le point de départ ajouté correspond donc à la supposition de l'opposé contradictoire de la phrase à prouver. C'est l'hypothèse. Il est aussi clair que, comme le dit Aristote[63], aucune convention n'est dans ce cas nécessaire.

L'interprétation dominante aujourd'hui, qui a sa source chez H. Maier[64] et qui est aussi soutenue par W.D. Ross ([2] p. 371, p. 415)

---

[63] Pr. An. A 44, 50 a 23 - 37

[64] H. Maier [16] II, 1, p. 236 écrit : « Si l'abduction est définie comme συλλογισμὸς ἐξ ὑπθέσεως, alors l'hypothèse à laquelle il est fait référence ne correspond pas à la proposition contraire à la thèse qu'il s'agit de démontrer, même si on peut également nommer cette proposition ὑπόθεσις, mais c'est plutôt l'ensemble des choses sur lesquelles est fondée la conséquence qu'il s'agit de démontrer ». Ce qui est remarquable dans cette phrase est le mot « également ». A vrai dire, il semble que seul le premier usage du mot puisse être textuellement justifié. Il y a à ce propos un passage que nous avons cité plus haut (Pr. An. B 11, 62 a 11-12). Je ne suis pas parvenu, en revanche, à trouver un passage où Aristote exprime ce que Maier veut qu'il ait pensé. (voir les passages auxquels lui et Ross se réfèrent pour fonder cette thèse : 50 a 30-32 et 41 a 23-30, 28-30, 32-34)

ne s'accorde pas avec ce que nous disons ici. Maier soutient, en faisant référence à Sigwart[65], que, dans l'abduction, l'hypothèse est le principe du tiers-exclu. Cette supposition repose manifestement sur l'opinion – fondée sur d'obscures raisons métaphysiques selon nous – qu'on ne peut conclure de manière parfaitement incontestable qu'au moyen d'un syllogisme[66]. On ne trouve cependant pas chez Aristote un tel concept d'incontestabilité.[43] En tout cas, il n'a rien à voir avec l'ἀναγκαῖον aristotélicien. cf. à ce sujet *Premiers analytiques* B11, 62a11-17. Outre le fait que l'interprétation de Maier rend incompréhensibles certaines prépositions et conjonctions[67], je ne peux pas me résoudre à penser qu'Aristote ait pu concevoir quelque chose d'aussi fondamental que le principe du tiers-exclu, qu'il estime, dans *Métaphysique* Γ, être le principe fondamental de toute preuve, comme une simple hypothèse dans les *Analytiques*. Il dit, au contraire[68] : « Ce dont il est nécessaire par soi que cela soit et apparaisse nécessaire, n'est ni une hypothèse, ni un postulat ».

§6. Caractéristiques générales du modèle.

On ne peut pas affirmer que nous ayons, avec l'isomorphisme que nous avons démontré, proposé une relation de correspondance sans faille entre le texte aristotélicien et notre modèle formel. Il est vraisemblable qu'une étude textuelle plus fouillée permettrait de dégager davantage de concordances de structure, même s'il est certain qu'on pourrait trouver encore plus de passages qui ne s'accorderaient pas avec le modèle. On peut dire de chacune de ces

---

[65] C.v. Sigwart, Beiträge zur Lehre von hypothetischen Urteil, 1871 (Contribution à la théorie du jugement hypothétique)
[66] H. Maier, p. 235 : « La partie syllogistique confère à la preuve apagogique le caractère et le statut d'une procédure déductive rigoureuse. »
[67] Par exemple, pourquoi ἐξ ὑπθέσεως ? – on ne peut pas dire que la conclusion soit dérivée à partir du tertium non datur plus qu'à travers lui. En outre, pourquoi Aristote utilise-t-il, dans la phrase 41 a 23-30 « ὅταν » et non une conjonction, qui relierait ce qui suit exclusivement à ὑπθέσεως, par exemple ὅτι ?
[68] An. Post. A 11, 76b 23-24

correspondances qu'elle ne vaut que jusqu'à un certain point et qu'elle ne peut en aucun cas être poussée jusqu'au bout. Aucune interprétation n'est jamais parvenue à une reconstruction formelle parfaite au moyen d'un système moderne, et en principe il n'y a pas lieu d'espérer que cela survienne. La valeur d'une telle entreprise ne consiste pas dans l'absence de toute faille, ni de toute ambiguïté.

Il est clair aussi que le calcul K_s est *un* modèle de la syllogistique aristotélicienne, à côté duquel de nombreux autres sont possibles, qui rempliraient la condition d'isomorphisme au même degré. Mais pour qu'un modèle puisse servir à l'interprétation, l'isomorphisme ne suffit pas à lui seul. Cette exigence a été pratiquement remplie par chaque présentation correcte de la syllogistique proposée depuis Aristote. Dans notre cas, on atteint en outre une égalité de construction la plus étendue qu'il soit possible, dans le sens défini au départ. Mais même dans ces conditions rigoureuses auxquelles nous nous sommes soumis, il reste encore de larges possibilités de variation dans l'organisation formelle du modèle. Cela tient à ce que le système d'Aristote n'est pas construit de manière formaliste, mais très étroitement entrelacé au langage naturel. La maxime moderne, qui veut que les présuppositions qui sont au fondement d'un système **[44]** soient à la fois complètes et réduites au minimum, ne peut pas être satisfaite dans une logique non-formaliste telle que celle d'Aristote, car celle-ci ne permet pas de décider lesquelles des structures logiques véhiculées dans le langage doivent être comptées expressément comme des présuppositions du système et lesquelles n'ont pas à l'être, sachant que ces structures sont immédiatement évidentes et ne sont pas mises en doute.

Il en va ainsi, par exemple, pour ce qu'on a appelé plus tard la règle de subalternation. Pour Aristote, il est évident au même degré que le général implique le particulier et qu'une prémisse affirmative générale et une prémisse négative générale ne peuvent pas être vraies toutes les deux. Par suite, il ne s'intéresse pas à la question de savoir quelle est la relation logique entre deux états de fait. En vue d'un modèle formel, on peut chercher à établir quelle règle doit être considérée comme première, sur le fondement de laquelle l'autre sera dite admissible. Les deux possibilités sont aussi bonnes ou aussi mauvaises l'une que l'autre, s'agissant de reconstruire le système aristotélicien. Mais l'une des règles est nécessaire à la complétude du système.

Les choses sont semblables pour le syllogisme parfait. Aristote s'est contenté de poser à la base de son système quatre syllogismes suffisamment évidents, bien qu'il ait reconnu (vraisemblablement plus tard) que deux d'entre eux se laissent réduire. Le modèle peut donc ne contenir que deux règles correspondantes, tandis que les autres sont juste admissibles. Dans la synthèse proposée à la fin du travail, nous avons par conséquent donné seulement les règles fondamentales.

Une autre question concerne l'introduction de la négation. Celle-ci doit exprimer dans la logique ce qui est désigné dans le langage naturel par les mots « ne...pas » (chez Aristote μή, οὐ). Déterminer la fonction du « ne...pas » dans le langage naturel sans faire usage du « ne...pas » dans l'explication est proprement impossible. Si nous ne reculons pas devant un tel cercle, nous pouvons dire que le « ne...pas » sert, entre autre, à désigner la disconvenance des prédicats, qui peuvent aussi être accordés à une chose. Cette interprétation, au moyen de laquelle la négation est souvent introduite dans la logique, est au plus près du μή et du οὐ chez Aristote. Si nous voulions reporter cette signification originelle dans notre modèle formel, nous devrions reconstruire formellement les prémisses, qui n'expriment pas simplement une convenance ou une disconvenance, selon leur structure interne. C'est possible au moyen des quantificateurs et cela a déjà été accompli, par exemple par A. Becker [7].

Pour le but qui est le nôtre, nous pouvons renoncer à prendre en considération la structure interne des prémisses, et c'est pour cette raison que nous avons choisi la symbolique traditionnelle des lettres *a,e,i,o* pour **[45]** désigner les formes de prémisses, dans lesquelles la négation est implicitement contenue. Cette symbolique a l'avantage de permettre de reconnaître facilement les règles correspondant aux syllogismes, et l'inconvénient de rendre nécessaires deux règles pour formuler l'opposition contradictoire et quatre pour formuler le *syllogismus per impossibile*.

Afin de montrer que, dans ces règles, il s'agit du principe de contradiction et du principe du tiers-exclu, nous avons introduit après coup le signe de négation dans le calcul, avec la définition 4,2. On aurait pu aller dans le sens inverse et introduire la négation au moyen de la définition 4,5, car les règles de la contradiction valent à partir de l'interprétation originelle de la négation et de la structure interne des prémisses. Dans ce cas, 4,2 serait devenu une règle admissible. Cette façon de faire correspond peut-être encore mieux au système d'Aristote.

La troisième possibilité, consistant à partir de deux constantes de relation et de la négation des phrases en tant que symboles primitifs et à définir sur cette base toutes les autres relations, est très difficile à réaliser de façon opérative.

La question de savoir comment on établit les dernières spécificités d'un tel modèle est dans une large mesure une question de goût. Une présentation qui a des avantages d'un certain point de vue, aura toujours des inconvénients d'un autre point de vue.

Eu égard à l'étroite liaison entre le système aristotélicien et le langage naturel, on peut s'étonner de la précision avec laquelle Aristote a indiqué de façon complète les principes de la syllogistique aussi bien que de la manière dont il les a réduits au minimum. Nous avons vu que ce qui est formulé comme règle dans le calcul K_s atteint, avec une rigueur pleinement satisfaisante, ce qu'il y a établir relativement à la syllogistique assertorique. Le calcul ne contient rien qui ne trouve un corrélat dans le texte d'Aristote, ni dont on ne puisse justifier qu'il s'en soit servi explicitement, et de la plupart des corrélats des règles fondamentales de K_s, on peut dire qu'ils reçoivent dans le système d'Aristote une position tout à fait privilégiée.

On peut dire en particulier que dans les preuves d'un plus haut niveau, telles que la réduction des syllogismes, rien de plus n'est utilisé que ce qui est déjà donné dans le système servant à la dérivation de phrases simples de la forme des prémisses. Les « réductions » ne sont pas des preuves au sens d'une théorie axiomatique, telle qu'Aristote la décrit dans les *Seconds analytiques*, c'est-à-dire des déductions, à partir de principes immédiats, d'après des règles données, mais elles peuvent être comprises comme des preuves au sens de la protologique de Lorenzen [46] dans la mesure où on y réfléchit sur ce qui est fait. Cet aspect de la syllogistique d'Aristote peut être substantiellement mieux reconstruit, et de façon plus précise, au moyen des concepts de la logique opérative que dans aucun autre système formel proposé jusqu'à ce jour.

Mais dans notre recherche de l'isomorphisme, nous avons établi que pour presque chaque point il demeurait dans le système d'Aristote quelque chose de résiduel qui ne peut pas être rendu par le calcul-modèle. Les signes du calcul sont introduits comme des figures sans signification, alors que ce qui y correspond chez Aristote, ce sont des mots du langage naturel, qui sont employés selon la signification qu'ils y reçoivent. De plus, le calcul ne dit rien quant à l'origine et au fondement des règles à partir desquelles il est constitué. Elles apparaissent, contrairement à ce qui se passe chez Aristote, arbitrairement déterminées. En outre, il y a de nombreux domaines de la théorie aristotélicienne qui ne reçoivent aucune place dans notre reconstruction. Sans parler de la logique modale, cela vaut notamment pour les preuves de non-conclusivité et pour la preuve par ecthèse.

Enfin, notre modèle ne fournit pas de théorie des prémisses, dans laquelle leur structure interne serait prise en considération. Le fait que les problèmes de la subalternation, de la contradiction de phrases, de la conversion et aussi des preuves par ecthèse restent totalement en dehors de notre modèle, est très étroitement lié à ce point. Ces problèmes se laissent évidemment étudier avec les méthodes formelles modernes, et beaucoup de travaux ont déjà été accomplis dans ce sens. Mais la théorie des prémisses, pas plus que la logique modale, n'appartient pas à la tâche que nous nous sommes proposée dans le présent travail.

Si nous nous limitons à la théorie aristotélicienne du syllogisme assertorique, nous pouvons soutenir qu'un aspect tout à fait déterminé de cette théorie a été précisément reconstruit à travers le calcul K_s. Mais à côté de cela, la théorie présente un autre aspect que notre modèle ne ressaisit pas. Il n'y a naturellement pas de telle séparation chez Aristote : elle provient de la perspective moderne que nous avons appliquée sur le texte. Heureusement, l'état présent de la recherche fondamentale en logique aussi bien que celui de la recherche historique nous autorise à dire quelque chose de plus précis encore sur ces deux aspects.

A ce propos, rapportons d'abord ce que nous savons, d'après E. Kapp ([11], chap.1), à propos de l'origine de la logique dans l'antiquité : dans le courant philosophique issu de Socrate, la réflexion solitaire, de même que l'écriture et la lecture de livres étaient ressenties comme inappropriées à la recherche de la vérité. On sait que Socrate n'a jamais écrit de livres, mais n'a discuté de problèmes philosophiques que dans des entretiens, avec au moins un partenaire vivant, à travers un jeu de questions et de réponses. [47] Des questions à propos d'un état de fait déterminé étaient habituellement présentées au partenaire, questions assez simples pour qu'il puisse adopter une position correspondant à sa propre conviction, en s'appuyant sur un simple jugement. Autrement dit, il devait soit adhérer à une proposition, soit la refuser de manière décisive. Il s'obligeait alors à adhérer à la proposition contraire. Or, il se produisait dans de tels dialogues un phénomène tel que le partenaire, après avoir admis un certain nombre de propositions, devait inévitablement concéder d'autres propositions qu'il n'avait pas prévues, parce qu'elles dérivaient d'une manière évidemment nécessaire des propositions qu'il avait déjà concédées. En principe, le partenaire ne se résolvait à celles-ci que contre son gré, car c'étaient des propositions qu'il avait d'abord décidé de refuser. C'est ainsi que se produisait alors la situation caractéristique de l'issue des dialogues socratique, qui était désignée par le mot ἔλεγχος.

Dans la situation philosophique de ce temps, caractérisée par une multiplicité déconcertante de doctrines (*Lehrmeinungen*) concurrentes et la possibilité apparente, à travers de longs discours oraux ou écrits, de prouver pratiquement tout et son contraire, ce principe dialogique promettait d'offrir à nouveau un point ferme. La restriction méthodique à cela seulement qui est admis par quelqu'un, même s'il ne *veut* pas l'admettre, apparut comme un succès de cette voie prometteuse, qui tendait à renouer un lien entre le discours et la réalité. Platon est le premier à avoir suivi méthodiquement ce principe, alors que le Socrate historique, pour ce que nous en savons, s'efforçait pour l'essentiel à amener son partenaire à faire l'aveu de son ignorance. Il est cependant clair qu'on ne pouvait découvrir ce que quelqu'un concède alors même qu'il ne veut pas le concéder, qu'en mettant effectivement en place un dispositif, dans lequel l'un d'entre deux partenaires aux opinions opposées dans une discussion soit contraint à une telle concession. Si un individu isolé écrit un livre, une situation analogue ne peut jamais se produire. Pour pouvoir se faire à soi-même des objections, il faudrait déjà disposer du principe dialogique.

On sait que Platon en est revenu à l'écriture, mais on sait aussi comment il a thématisé son activité d'écriture à l'intérieur de ses préoccupations philosophiques. On peut considérer comme certain que Platon a si fortement estimé la discussion vivante, qu'il ne l'employait pas seulement quand il s'agissait de problèmes concret. Il exigeait manifestement de ses étudiants, afin qu'ils soient aptes à mener des dialogues, qu'ils se préparent d'abord au moyen d'exercices propédeutiques. On suppose aujourd'hui que, dans l'académie, l'organisation de dialogues d'entraînement devint une institution établie, et que cette institution était perçue comme une propédeutique scientifique à ce point essentielle **[48]** qu'il alla de soi pour Aristote de la reprendre dans sa propre école. Kapp décrit la forme de ces dialogues d'entraînement dans son article *Syllogistique*, colonne 1056 [10] : « Il y a deux personnes : l'une interroge et l'autre répond. L'interrogateur pose à l'autre un problème, par exemple « Est-ce que ζῷον πεζόν δίπουν est une définition de l'être humain ou pas ? ». Le répondant choisit de prendre comme sa position l'un des deux partis possibles, ensuite la tâche de l'interrogateur est de contredire cette position, il doit donc forcer le répondant à concéder la position opposée. Cette proposition, à laquelle le répondant doit être contraint, est appelée προκείμενον, et souvent aussi τό ἐν ἀρχῇ (*principium*). La contrainte exercée sur le répondant afin de l'amener à concéder cette « proposition de départ », contraire à la thèse qu'il a choisie, l'est au moyen de questions qui ne doivent pas avoir la forme d'un problème <ouvert> mais celle de questions simples auxquelles on peut répondre par oui ou par non. Ce sont les προτάσεις, que je tends à l'opposant, ou pour le dire autrement, au moyen desquelles je m'attaque à lui. Le répondant doit concéder la proposition, obtenue au moyen d'une série de telles questions– τό συμπέρασμα – et qui est identique à la proposition initiale, et par conséquent il ne convient pas qu'on lui donne encore une chance de paraître y échapper grâce à la forme de l'interrogation. »

S'il en est ainsi que l'origine de la syllogistique aristotélicienne est à rechercher dans les jeux de discussion de ce type, alors entre le calcul K_s et l'aspect du système aristotélicien qu'on peut reconstruire à travers lui, il n'y a pas seulement un isomorphisme formel, mais aussi un lien substantiel. La question de la nature de ce lien est très étroitement liée à la question, formulée par Kapp, de savoir comment Aristote en est arrivé, à partir des indications en vue de la discussion qu'on trouve dans les *Topiques*, à la présentation quasi mathématique de la syllogistique qu'il a exposée sous la forme des *Analytiques*. Les sources historiques ne donnent guère d'éléments suffisants pour se prononcer. C'est pourquoi nous voulons reconstruire une partie de ce développement à partir d'une analyse de la problématique substantielle. Pour cela, il suffit d'admettre que la syllogistique vise à codifier les règles d'un tel jeu de discussion. Se demander si elle a effectivement été mise en œuvre sous la forme abstraite < qu'elle a dans > les *Analytiques* ne nous semble pas pertinent. L'enthousiasme pour la discussion doit déjà avoir été quelque peu délaissé au temps d'Aristote.

Socrate avait déjà découvert qu'il convient autant que possible de décomposer la recherche dialectique en étapes aussi petites que possible. C'est seulement ainsi que le phénomène de la nécessité, qui rendait contraignant le passage d'une étape à une autre, **[49]** pouvait être rendu évident. Cette évidence était le présupposé permettant le dialogue socratique. On peut même dire que, dans beaucoup de cas, quelque chose de plus était nécessaire, à savoir la bonne foi du partenaire. On peut dire que ce que Socrate considère comme nécessaire, dans les premiers dialogues platoniciens, relève surtout d'opinions courantes.

Or, si on développe le dialogue jusqu'à une compétition formelle, dans laquelle les deux partenaires sont décidés à mesurer leur sagacité jusqu'à son extrême limite, alors la pure évidence de la nécessité, dans la forme naïve de l'échange socratique, ne peut plus offrir de procédure de décision sérieuse en vue de l'admissibilité des étapes élémentaires. En situation de crise, l'évidence devient elle-même objet de discorde et les divergences d'opinions entre les interlocuteurs en viennent à porter sur ce qui doit être éprouvé comme évident et ce qui ne doit pas l'être.

Telle est la précisément la situation au stade des *Topiques*, que Kapp caractérise par l'absence d'un principe unificateur. Aristote propose une définition du syllogisme et une abondance d'indications isolées, d'après lesquelles des relations de nécessité sont à chercher entre des propositions, mais aucune condition précise n'est formulée, s'agissant de savoir quand quelque chose suit d'autre chose ou pas. C'est pourquoi il recommande dans les *Topiques* (Θ2, 158a7-13) de ne pas formuler en tant que question l'acte même de tirer la conclusion. Cela signifie évidemment qu'on recommande au proposant de donner plus de force à l'évidence en recourant à la suggestion, car s'il interroge, il attire l'attention de l'opposant sur le fait qu'il a encore la possibilité de contester la validité de l'inférence. Et qu'on ait inféré <des propositions> factuellement fausses, cela est attesté dans la littérature sur les conclusions fallacieuses. La situation ainsi dépeinte est rendue particulièrement manifeste dans le texte aristotélicien des *Réfutations sophistiques*, ainsi que Kapp [10], col.1060 et suivantes, l'a exposé exhaustivement. On montre sur des exemples qu'il n'est pas permis de conclure de cette façon, mais la question de savoir quand une inférence est correcte ou pas reste complètement indéterminée. Si jamais il arrive qu'aucun accord ne soit atteint entre les partenaires, s'agissant de savoir si quelque chose suit nécessairement ou pas, alors c'est l'échec du dialogue.

Quelle est alors la différence décisive entre la théorie des *Analytiques* et cette phase précédente de la pratique de la discussion ?

C'est sans aucun doute la solution apportée au problème de la décision. Avec la théorie du syllogisme développée dans les *Premiers analytiques*, Aristote a inventé un procédé au moyen duquel il devient possible de décider de la validité ou de la non-validité de chaque étape de la discussion. Pour cette raison, Aristote s'intéresse beaucoup à la preuve de la complétude (*Nachweis der Vollständigkeit*)[69] de son système, à cela que **[50]** toutes les inférences passent par les figures répertoriées (A23), que chaque preuve requiert trois termes…etc.

Avec une telle procédure de décision, il était établi que le jeu de discussion peut fonctionner en toute circonstance. Cela est rendu possible par la création, pour le jeu de discussion, des mêmes conditions que dans tout autre jeu agonal : 1. que soit donc établi quels types de « figures » sont admissibles dans le jeu, et 2. que des règles soient instaurées, prescrivant, pour chaque cas pouvant survenir, comment on peut opérer avec ces figures. Or, nous avons

---

[69] Le verbe « entscheiden » (décider) et l'expression « Entscheidungsverfahren » (procédé de décision), employés dans cette page, font écho au problème de la décision (« Entscheidungsproblem ») que mentionne Ebbinghaus, problème posé par Hilbert, et qui trouverait, en quelque sorte, dans la syllogistique d'Aristote, une solution positive. Notons qu'il s'agit là d'une théorie logique ne permettant pas de formaliser les relations, contrairement à la logique du premier ordre, dont Church a établi l'indécidabilité, et que ce n'est évidemment pas le type de théorie logique que Hilbert avait en vue lorsqu'il formulait le « problème de la décision ». D'ailleurs, Ebbinghaus parle de la décidabilité d'une inférence et non pas de celle d'une proposition : il ne s'agit pas, pour Aristote, de se demander si on peut décider de la dérivabilité ou de la non-dérivabilité de toute proposition, mais plutôt si on peut décider de la validité de toute inférence. Or, c'est justement possible si toute inférence valide constitue un détour réductible au moyen d'une preuve d'admissibilité. Le « flottement » entre le problème de la décision et celui de la complétude tient sans doute au fait que l'approche d'Ebbinghaus présuppose une manière de penser la signification qui diffère de celle en fonction de laquelle ces problèmes ont été formulés par Hilbert. On peut dire que ce que fait Aristote concerne la complétude si on comprend celle-ci comme détermination complète de l'ensemble des inférences du point de vue de la validité. Cependant, il est sans doute plus approprié de parler de l'admissibilité de toutes les inférences valides relativement aux règles fondamentales de la théorie du syllogisme. Sur ces questions, voir « Aristote et la question de la complétude », Lion-Rahman 2016 (N. d. T.)

précisément ici devant nous le modèle d'un jeu formel, sur la base duquel nous avons développé le concept de la théorie du calcul sous-jacente au calcul K_s. Un lien est ainsi établi entre la syllogistique et son modèle formel, et l'isomorphisme trouve ici un fondement : un système de règles, prescrivant les opérations qui, dans un jeu, doivent fonctionner en toutes circonstances, est essentiellement de l'ordre d'un calcul.

Avec la formalisation, le caractère original du jeu de discussion ne devait pas être changé, c'est-à-dire que les règles devaient être créées de telle sorte que les pas effectués schématiquement d'après elles correspondissent précisément à ce qu'on accomplissait par une perception intuitive de la nécessité. La solution de ce problème est liée chez Aristote à l'invention de la variable et à la découverte que le phénomène de la nécessité ne dépend pas de ce qui est concrètement énoncé dans les prémisses, mais d'une certaine structure générale, qui est reconnaissable dans toutes les prémisses. En tout cas, Aristote a réussi à fixer les conditions sous lesquelles quelque chose suit avec nécessité, de telle manière qu'on dispose d'un procédé déterminé pour décider de chaque cas, sans recours à l'évidence, en se limitant à ce qu'on peut appeler une évidence opérative : la capacité qui est au fondement de chaque utilisation de la règle, comme par exemple quand on voit qu'être vivant est le cas de tous les êtres humains, s'il est fixé d'abord 1. que A est le cas de tout B, et 2. la consigne de remplacer A par « être vivant » et B par « être humain ».

Si on entreprend d'organiser un jeu en ce sens schématique, alors se mettent naturellement en place d'après la chose même des concepts comme celui de dérivabilité ou d'admissibilité. Si, par exemple, on utilise le plus souvent deux règles l'une après l'autre, dont l'une permet de passer de A à B et l'autre de B à C, il s'impose alors en quelque sorte de remplacer ces deux règles par une seule, d'après laquelle on passe directement de A à C. Cela signifie que la règle $A \rightarrow C$ est reconnue comme étant admissible.

[51] Ou alors, prenons un exemple historique : soit le problème que quelques êtres vivants bipèdes ne sont pas des êtres humains. L'opposant a accordé les deux prémisses : 1. Aucun oiseau n'est un

être humain, 2. Quelques oiseaux sont des êtres vivants bipèdes, et refuse d'accorder la conclusion, parce qu'il ne reconnaît que les syllogismes parfaits et la règle de conversion. Alors le proposant a la possibilité de lui faire reconnaître la nécessité de la conclusion à travers deux autres étapes : 1. Si quelques oiseaux sont des êtres vivants bipèdes, alors quelques êtres vivants bipèdes sont des oiseaux ; 2. Si quelques êtres vivants bipèdes sont des oiseaux, et aucun oiseau n'est un être humain, alors quelques êtres vivants bipèdes ne sont pas des êtres humains. Si l'opposant est suffisamment intelligent, il s'épargnera le détour la fois suivante.

A partir de l'analyse historique, nous voyons que les syllogismes étaient déterminés, quant à leur fonction, pour servir de règles fixant les coups autorisés dans un jeu de discussion. Avec cela, nous avons décrit un aspect de la syllogistique aristotélicienne et en même temps nous avons expliqué pourquoi elle est si bien reconstruite à travers notre calcul-modèle. Dans ce qui suit nous nommons cet aspect l'aspect opératif. Il ne présente, comme nous l'avons déjà vu, qu'un aspect partiel du système aristotélicien. Pour une détermination plus précise de l'autre aspect, nous pouvons également partir des données historiques. L'interprétation objective de ce matériau ne pourra toutefois pas être soutenue au moyen d'une science moderne correspondante, comme c'est le cas pour l'aspect opératif.

Commençons par observer de nouveau la forme du dialogue antique antérieurement à sa formalisation chez Aristote. La visée originelle d'une discussion était sans doute de découvrir la vérité sur certains objets problématiques. La voie pour y parvenir consistait à réduire le problème faisant question à d'autres propositions, dont la vérité était plus facile à établir. Les différentes étapes de la réduction devaient se caractériser par leur nécessité. Cela signifie que certains états de fait étaient attachés les uns aux autres de telle manière que, si on pouvait affirmer l'un, alors l'autre devait être vrai de façon certaine.

L'objet de la discussion était toujours quelque chose d'étant, c'est-à-dire qu'il s'agissait de savoir si une chose déterminée, indépendamment de ce que l'être humain en pense, se comportait de telle ou telle manière. Le cœur de la nécessité, selon laquelle quelque chose résultait d'autre chose, reposait sur le fait que ce phénomène était indépendant de la volonté humaine. La nécessité ne pouvait avoir son fondement que dans la chose elle-même, et, étant donné qu'elle est de même nature pour tous les êtres, que dans l'étant.

[52] Cette caractéristique des discussions devait aussi rester absolument intacte dans une formalisation à travers un système de règles, et en cela un jeu de discussion est fondamentalement différent d'un quelconque jeu de divertissement, de même que le système de règles d'un jeu de discussion diffère d'un calcul formaliste. C'est en ce sens qu'il faut comprendre que nous appellerons « ontologie » ce qui – pour s'exprimer de façon moderne – fournit l'interprétation du calcul et son fondement, et que nous chercherons à caractériser ainsi l'aspect de la syllogistique d'Aristote qui n'est pas reconstruit à travers notre modèle.

Pour prévenir tout malentendu, nous devons ici nous distancier d'une option interprétative qui a dominé le 19ème siècle et qui est représentée par des noms comme ceux de Carl Prantl ou Heinrich Maier. Sans doute, ce sont là des travaux d'une grande valeur historique, mais la thèse consistant à fonder la logique aristotélicienne sur la métaphysique aristotélicienne transgresse le cadre de ce qui peut être prouvé historiquement et objectivement et méconnaît le caractère indubitablement formel de cette discipline.

Nous chercherons ici à nous en tenir à ce qui est démontrable et il est clair qu'à travers l'affirmation d'un lien entre la logique et la métaphysique chez Aristote, c'est seulement un problème qui est formulé et rien de plus. Considérons encore une fois sous cet aspect la série des traits du système aristotélicien qui ne tombent pas dans le domaine de reconstruction du calcul K_s.

C'est là que se trouve le fondement de la validité des règles non réductibles ou évidentes du jeu de discussion. Abstraction faite de la règle de conversion, il s'agit de celles du syllogisme parfait aussi bien que du principe de non-contradiction et celui du tiers-exclu.

Si on cherche à établir le fondement de la validité du syllogisme, alors on peut dire que dans une suite de propositions de cette forme, pour toute substitution de termes concrets aux lettres *A, B, C,* si les propositions antécédentes sont vraies, alors la conséquente est vraie. Or, on doit se demander ce que signifie ici l'expression « vrai ». Pour Aristote, cette question est loin d'être aussi problématique que pour la logique moderne. De son point de vue, on peut sans doute poser cette définition simple : une proposition est vraie si et seulement si ce qu'elle pose comme étant l'est effectivement[70].

[53] La manière dont le concept de vérité est éliminé de la syllogistique est précisément l'inverse du chemin qu'emprunte la logique moderne des propositions. Dans ce cas, on considère la proposition comme telle et on établit sa relation sémantique à la « réalité » selon la propriété de la bivalence. Celle-ci est donc considérée comme le point de sortie d'une théorie, laquelle ne dit rien du tout de la « réalité ».

Chez Aristote, il est manifeste qu'une relation de conséquence, dans laquelle une phrase est vraie nécessairement (c'est-à-dire indépendamment de toute volonté humaine), si certaines autres phrases sont vraies, ne peut avoir son fondement que dans la nature de l'étant, c'est-à-dire en cela que l'une *est* nécessairement, si l'autre est. Si de cette manière les règles de la syllogistique sont formulées ontologiquement, on ne peut pas dire que la sémantique soit éliminée, elle est seulement d'emblée un aspect secondaire, selon lequel on peut aussi voir les choses. Ainsi, Aristote écrit dans un passage[71] : « S'il en est ainsi que si *A* est, alors *B* est nécessaire, alors si *B* n'est pas, il est nécessaire que *A* ne soit pas. Or, si *A* est vrai, alors il est nécessaire que *B* soit vrai… » Ce qui nous intéresse ici n'est pas tant qu'il soit question de la loi de contraposition que le fait que le rapport formulé ontologiquement a ici une prééminence sur la relation entre des phrases vraies. S'il en est ainsi, alors s'agissant de savoir pourquoi les syllogismes valent comme règles, on n'a pas besoin de se référer à la vérité des phrases. Au sens d'Aristote, on peut simplement dire : « parce que l'un est, si l'autre est ». On peut désigner cela comme un état de fait qui fonde la va-

---

[70] Une justification de ce point peut être trouvée, par exemple, en Mét. Δ7, 1017 a 31.
[71] Pr. An. B2, 53b12-14

lidité de la règle. Et l'expression langagière dans laquelle cet état de fait est formulé est sans aucun doute, un λόγος ἀποφαντικός. Mais Aristote ne réfléchit pas dans ce passage à la différence entre état de fait, proposition et règle. Il présuppose simplement, de façon implicite, qu'on a le droit de conclure ainsi, s'il en est ainsi. Les formulations des syllogismes au moyen des expressions ὑπάρχειν et κατηγορεῖσθαι sont pour lui parfaitement équivalentes.

Si on aborde le système aristotélicien avec le concept moderne de la règle et si on se demande pourquoi cette règle est valide, alors on ne peut donner à cela comme fondement qu'un état de fait, qui se laisse percevoir au moyen du νοῦς et qui, dans le cadre de la pensée d'Aristote, relève proprement du domaine de l'ontologie.

Que le fondement de la validité du syllogisme soit à rechercher dans l'ontologie est suggéré aussi par l'analyse du procédé par lequel Aristote prouve qu'on ne peut rien conclure [54] des combinaisons de prémisses restantes. Il argumente en gros de la façon suivante : A partir d'une paire de prémisses rien ne suit de façon nécessaire, s'il y a différentes combinaisons de termes concrets qui dans chaque cas fournissent des prémisses vraies de la même forme, mais pour lesquels les termes extérieurs sont tantôt le cas l'un de l'autre en général, et tantôt ne sont pas le cas l'un de l'autre en général. Alors, on peut logiquement exclure la possibilité qu'ils soient toujours le cas l'un de l'autre. Aristote montre l'existence de termes qui ont cette propriété en exhibant des triplets de termes concrets tels qu'on puisse voir ce qui est le cas ou ce qui n'est pas le cas à travers la considération des choses elles-mêmes.

Łukasiewicz trouvait que cet aspect de la procédure, qui dans une certaine mesure n'est pas proprement d'ordre logique, était gênant et il a cherché, pour cette raison, à fonder axiomatiquement l'impossibilité de conclure (*Nichtschlussigkeit*). La théorie qu'il a développée de cette façon est consistante en soi, mais ne constitue pas un modèle du procédé aristotélicien. Patzig a ensuite montré qu'il est également possible de démontrer l'impossibilité de conclure d'une façon purement formelle qui est essentiellement très proche du procédé d'Aristote. Au moyen des liaisons de la logique des classes (« et », « ou », « ne...pas »), on peut construire, à partir des termes extérieurs, pour les paires de prémisses dont on ne peut rien conclure, un moyen terme, qui satisfait les prémisses dans tous les cas. Ainsi, pour chaque combinaison isolée de prémisses non-conclusives, il y a un triplet de termes pour lequel les termes extérieurs peuvent être dans toutes les relations possibles, alors que les prémisses sont toujours vraies.

Cette interprétation apporte, à la différence de celle de Łukasiewicz, qui n'analyse pas la structure interne des prémisses, une nouvelle perspective, à savoir celle d'une interprétation extensionnelle du concept de terme. Savoir si les *horoi* aristotélicien peuvent être interprétés en ce sens comme des classes est une question difficile. Si on regarde comment Aristote fixe, pour les différents montages de termes de paires de prémisses non-conclusives, ce qui est le cas et ce qui n'est pas le cas, alors une différence apparaît par rapport au procédé de Patzig, à savoir qu'Aristote ne construit jamais de manière factice, mais utilise toujours des termes concrets et fait manifestement usage de l'évidence de leurs relations, laquelle peut être vérifiée en regardant les choses elles-mêmes. Il est clair qu'il ne s'agit pas ici de regarder au sens de l'αἴσθησις, mais d'une intuition noétique, car les états de fait en question sont des relations entre εἴδη.

S'agissant des deux autres principes constitutifs du système, la question du fondement de leur validité renvoie également à l'ontologie. En outre, il apparait qu'ils ne sont pas seulement traités dans le cadre de la syllogistique, **[55]** mais qu'ils le sont aussi thématiquement dans *Métaphysique* Γ. Du moins, le principe de contradiction est formulé ici sans ambiguïté de manière ontologique. Nous avons déjà indiqué que contrairement au calcul K_s, l' « impossible » chez Aristote n'était pas défini par la position simultanée de déclarations déterminées, mais que c'est un prédicat qui s'applique à un tel cas < et qui signifie > que ce qu'on indique par là n'est absolument pas réel et qu'on ne peut pas dériver la proposition correspondante au moyen d'un syllogisme fondé sur des prémisses vraies. On en conclut alors que, quand apparait une contradiction, c'est qu'au moins l'une des deux prémisses admises doit être fausse[72]. Ici aussi surgissent de nouveau les concepts de vrai et de faux, dont on a indiqué qu'ils étaient chez Aristote ancrés dans l'ontologie.

Aristote développe le principe du tiers-exclu dans *Mét.* Γ7[73], en approchant de la sémantique, c'est-à-dire à travers la considération des concepts de vrai et de faux, afin de montrer qu'il est ontologiquement valable. Le cheminement de pensée est à peu près le suivant : Si quelque chose est affirmé au sens d'une déclaration, alors cela doit être soit vrai, soit faux : il n'y a aucun intermédiaire. Dire le faux revient à affirmer que l'étant n'est pas ou que le non-étant est ; et dire le vrai, à affirmer que l'étant est ou que le non-étant n'est pas. Il s'ensuit qu'entre l'être et le non-être, il ne peut rien y avoir d'intermédiaire, c'est-à-dire un prédicat qui serait le cas ou qui ne serait pas le cas d'un étant. Personne ne peut douter que ce dont parle Aristote ici en *Mét.* Γ7 est précisément le ἀξίωμα ἔνδοξον, dont il affirme dans les *Premiers analytiques*, B11, 62a11-17, que les preuves par l'impossible reposent sur lui.

Pour ce qui concerne la preuve par ecthèse, que nous devons renoncer à interpréter, il nous faut seulement dire ce qui suit : d'après Łukasiewicz, elle repose sur la validité de la proposition suivante (en logique des prédicats)

$$AiB \leftrightarrow \bigvee_c. AaC \wedge BaC,$$

qu'on peut aussi formuler complètement dans la symbolique du calcul des prédicats moderne. Si l'on donne ici au quantificateur existentiel « il existe » le sens qu'il reçoit dans le langage commun, alors cette interprétation apparaît très éclairante. Mais la question est de savoir ce qu'on gagne au moyen de la formalisation pour cette compréhension, et de quel droit on en appelle à la validité d'une telle proposition formulée dans la logique moderne. On n'a, à l'évidence, rien fait d'autre que de reformuler à travers des symboles ce qu'on savait déjà dans le langage courant et ce **[56]**

---

[72] Pr. An. B4, 57 a 36 - 37
[73] Mét. Γ7, 1011 b 23 – 1012 a 28

qu'Aristote éprouvait, pour la même raison, comme relevant de l'évidence.

Si pourtant on fait déjà appel à la logique moderne pour interpréter, alors il n'est pas possible de s'en tenir à une simple traduction de l'évidence du langage courant dans un langage symbolique. On doit en outre se demander ce que signifie la validité d'une telle phrase dans la logique moderne et apparait alors la définition au moyen de laquelle le quantificateur existentiel est introduit. On sait bien que le quantificateur existentiel est défini comme une disjonction, en logique des prédicats, sur des domaines d'individus limités ou illimités

$$\vee_x A(x) \rightleftharpoons A(x_1) \vee A(x_2) \vee \ldots \vee A(x_n) \; ;$$

et peut, dans le cadre de la fondation opérative, être introduit par la règle relative admissible suivante :

$$A(x) \rightarrow \vee_x A(x).$$

Mais plus on avance dans cette direction, plus il apparait qu'on s'éloigne, à propos de l'ecthèse, de ce qu'Aristote pourrait avoir voulu dire.

Si l'on s'autorise à parler d'existence en relation avec l'ecthèse, qu'il s'agisse de l'existence d'individus ou de celle de termes, dans tous les cas, il est facile de concevoir qu'il faut plutôt penser simplement à l'existence au sens ontologique, c'est-à-dire comme existence de choses ou d'εἴδη, à supposer du moins qu'on ait l'intention d'interpréter Aristote.

Finalement, pour ce qui concerne la théorie des prémisses, dans laquelle nous ne pourrions pas entrer ici, il faudrait aussi examiner si l'aspect ontologique n'apporte pas quelques éclaircissements aux difficultés qui subsistent encore dans l'état présent de la discussion. W. et M. Kneale ([12] pp. 63-67) ont montré qu'aucune des sept possibilités modernes d'interprétation qu'ils ont essayées l'une après l'autre ne permet d'offrir une perspective véritablement consistante sur le texte.

Nous ne voulons pas nous prononcer ici sur la question de savoir si la disjonction entre la racine opérative et la racine ontologique de la syllogistique aristotélicienne est radicale. Pour cela, il faudrait entrer dans des recherches détaillées portant sur des sections plus étendues du texte. Mais la question est liée au problème général de savoir quels autres fondements sont possibles pour la logique. Nous retenons, comme résultat de la recherche que nous avons développée, qu'il y a, dans la syllogistique aristotélicienne un aspect qui se laisse très bien reconstruire formellement, à partir d'un système moderne dont les concepts sont immédiatement liés à la fondation opérative de la logique, et que, pour de très nombreux aspects du système aristotélicien qui ne se laissent pas penser à partir de cette reconstruction, des concepts d'ordre ontologique s'imposent, en vue d'une interprétation. Les deux côtés de la syllogistique sont, interprétés de cette manière, historiquement compréhensibles[74].

---

[74] Le professeur Lorenzen m'a montré qu'il était possible de formuler une interprétation opérative de la validité des syllogismes parfaits, si on se rapporte, ainsi qu'il le fait lui-même dans sa nouvelle fondation de la logique [27], à la situation dialogique de l'assertion. Cette approche ouvre tant de perspectives si prometteuses pour une interprétation nouvelle et approfondie de tous les domaines de la théorie d'Aristote que nous avons, dans le présent travail, laissés de côté (preuves de non-conclusivité, ecthèse…) que je voudrais en rapporter brièvement ici les grands principes. Pour cela, il faut se rendre attentif à la structure interne des prémisses.

Partons des formes d'assertion les plus simples, à savoir les propositions primitives. Elles sont ainsi constituées qu'à un objet, désigné à travers un nom propre, est accordé ou refusé un prédicat, par exemple « Callias est un homme », symboliquement : n ε P. Pour ce qui concerne la vérité des phrases de ce type, on ne peut rien produire au moyen de la logique. On peut cependant considérer qu'elles sont définies selon la vérité d'après une règle, au sens où il existe bien une procédure (par exemple, considérer les choses mêmes) par laquelle les propositions peuvent être confirmées ou infirmées.

Considérons à présent un jeu de discussion antique (p. 48) du type de ceux décrits par Kapp. Ce ne sont pas des propositions primitives qui constituent l'objet de tels dialogues, mais plutôt des prémisses, c'est-à-dire des relations entre prédicats de la forme : « A est le cas pour tout B » ou « A est le cas pour quelque B », symboliquement : $\bigwedge_x . \, x \, \varepsilon \, B \rightarrow x \, \varepsilon \, A$, ou $\bigvee_x . \, x \, \varepsilon \, B \wedge x \, \varepsilon \, A$. Le con-

cept d'une preuve d'une telle assertion est défini à travers les règles du dialogue. Il s'agit des règles suivantes, dont je suis convaincu qu'elles peuvent être rapportées à des passages textuels d'Aristote, en particulier dans les Topiques :
1. Si le proposant soutient une phrase de la forme « A est le cas pour quelque B » et si l'opposant la nie, alors le proposant a gagné s'il parvient à proposer un cas n pour laquelle les deux propositions primitives « A est le cas pour n » et « B est le cas pour n » sont vraies. S'il n'y parvient pas, alors il a perdu.
2. Si le proposant soutient une phrase de la forme « A est le cas pour tout B » et si l'opposant la nie, alors le proposant doit convaincre l'opposant de la validité générale de son assertion en donnant plusieurs cas pour lesquels A et B sont valables. Mais comme l'assertion générale se rapporte à une classe infinie, l'opposant peut toujours nier celle-ci. Or, le proposant a le droit d'exiger de lui un contre-cas, c'est-à-dire que l'opposant doit donner un n, pour lequel n ε B soit valable, mais pas n ε A. S'il n'y parvient pas, alors le proposant a gagné et vice-versa. (On trouve cette dernière règle explicitement dans les Topiques θ, 157a34 ; on nomme ce procédé l'induction, ἐπαγωγή)

Des règles analogues valent pour les deux prémisses négatives. La négation des prémisses est immédiatement définie à travers le fait que la même action, à savoir de nommer un cas possédant certaines propriétés, sert aussi bien à prouver une affirmation particulière qu'à contredire une affirmation générale. C'est la loi de contradiction.

Le fait que par exemple le syllogisme barbara est valide peut maintenant être interprété de telle sorte que, dans un dialogue obéissant aux deux règles énoncées plus haut, la phrase « A est le cas pour tout C » peut être défendue en toute circonstance face à tout opposant ayant concédé les deux phrases « A est le cas de tout B » et « B est le cas pour tout C ». La stratégie de victoire peut être représentée de la façon suivante :

	O	P
1	$\bigwedge_x. x \, \varepsilon \, B \to x \, \varepsilon \, A$	
2	$\bigwedge_x. x \, \varepsilon \, C \to x \, \varepsilon \, B$	
3		$\bigwedge_x. x \, \varepsilon \, C \to x \, \varepsilon \, A$
4	?n	$n \, \varepsilon \, C \to n \, \varepsilon \, A$
5	$n \, \varepsilon \, C$	$n \, \varepsilon \, B$
6	?	$n \, \varepsilon \, A$

Dans les deux premières lignes, on trouve les prémisses que l'opposant a accordées ; dans la troisième, on a l'assertion du proposant. Ligne 4 : l'opposant attaque l'assertion en invoquant un exemple n ; le proposant confirme la validité de son assertion pour le cas n. Ligne 5 : l'opposant attaque celui-ci en soutenant ce qui est antécédent au sein de la relation de conséquence défendue par le pro-

Après tout ce que nous avons dit, on peut avoir l'impression que notre modèle formel **[58]** n'apporte pas beaucoup de connaissances nouvelles, car la logique traditionnelle a interprété la réduction des syllogismes d'une manière tout à fait similaire, même si ce n'est pas en référence à un calcul, ni au moyen d'une réflexion sur ce qui est toujours déjà présupposé. De plus, soutenir que tout ce qui demeure résiduel ait un rapport avec l'ontologie[75] ne constitue

---

posant. Le proposant utilise alors la prémisse concédée par l'opposant en (1) et soutient n ε B. L'opposant est forcé de le concéder. Le proposant peut alors affirmer n ε A, ce que l'opposant est forcé de concéder étant donnée la prémisse concédée en (2). Le proposant a gagné, sans avoir besoin de revenir en quoique ce soit à l'objet correspondant à la proposition.

Si l'opposant avait concédé des phrases qui ne sont pas les prémisses d'un syllogisme valide, alors on ne pourrait défendre contre lui que des phrases pouvant être ramenées, d'après les règles de la discussion, à des propositions primitives vraies, lesquelles pourraient être de n'importe quelle forme. Les prémisses concédées ne seraient alors d'aucune utilité pour l'argumentation. On a ici une bonne explication logique pour un procédé aristotélicien que les logiciens ont souvent blâmé, l'impossibilité de conclure au moyen de termes concrets à démontrer.

On pourrait même se demander si le terme choisi pour l'ekthesis ne pourrait pas être interprété comme « un cas présenté de manière arbitraire » au sens des règles de discussion déjà proposées.

A travers cette approche interprétative, le problème des relations entre la logique et l'ontologie est placé sous un éclairage neuf, qui ne provient toutefois nullement, je le pense, d'une invention tirée de nulle part.

[75] Il convient de remarquer que la théorie de la quantification, suggérée par Lorenzen à Ebbinghaus et évoquée dans la note de bas de page qui précède, ne repose pas sur la mise en relation d'une proposition avec un domaine d'objets correspondant, mais bien sur une interaction au sein d'une dynamique argumentative qui repose sur une prise en compte de la capacité des agents épistémiques à produire ou pas des exemples ou des contre-exemples. Notons que s'il est vrai que l'approche dialogique permet de contester la thèse de Łukasiewicz selon laquelle on ne trouve aucune théorie de la quantification chez Aristote, du moins elle ne s'imbrique pas d'elle-même, d'après l'approche opérative qui est celle d'Ebbinghaus, dans la construction du calcul K_s. Sur la quantification universelle et une première réhabilitation de l'importance de l'article d'Ebbinghaus, voir. M. Marion, H. Ruckert, « Aristotle on universal quantification : a study from the perspective of game semantics » (2015). Sur une interprétation proprement dialogique de la théorie du syllogisme assertorique, voir S. Rahman, Z. McCo-

pas non plus une thèse nouvelle. Afin de soutenir pleinement les conséquences du point de départ que nous avons adopté, nous devons maintenant le rapporter aux discussions passées à propos de l'interprétation de la syllogistique d'Aristote.

---

naughey, M. Crubellier, « A dialogical Framework for Aristotle's Syllogism » (2015) Work in progress. On peut légitimement se demander si l'intérêt d'une approche telle que celle d'Ebbinghaus n'est pas, justement, de fournir un moyen d'éviter d'entrer dans ce genre de considérations ontologiques. La manière dont Ebbinghaus indique humblement ce qui demeure résiduel dans sa reconstruction donne à penser qu'il n'est pas pleinement conscient des aspects les plus novateurs de son propre travail. (N. d T.)

Chapitre 3.
Comparaison avec un autre modèle formel

§7. L'interprétation de Łukasiewicz

[59] Dans son ouvrage *La syllogistique d'Aristote dans la perspective de la logique formelle moderne*, Łukasiewicz [15] s'y est pris d'une autre façon pour reconstruire la théorie aristotélicienne du syllogisme assertorique, à travers un système formel moderne. En tout cas, nous allons comprendre son travail d'interprétation comme un modèle formel, même si Łukasiewicz n'a pas explicitement réfléchi au rapport entre le concept de logique moderne invoqué en vue de son interprétation et celui qui y correspond chez Aristote. Mais il est difficile de voir en quel sens possible de l'interprétation philosophique on pourrait soutenir, par exemple, que le syllogisme aristotélicien *serait* une implication, que ce soit au sens moderne de l'implication matérielle ou de l'implication formelle.

On peut considérer la présentation de la syllogistique par Łukasiewicz comme la première et la plus significative dans son genre. Elle a complètement révolutionné l'image du système d'Aristote, influencée par la logique traditionnelle, qui avait cours jusque-là. Pour autant, elle a laissé beaucoup de questions ouvertes. C'est ce qu'a montré, avant tout, le travail de G. Patzig [19], dans lequel les thèses de Łukasiewicz ont été confrontées, de manière radicale, avec le texte d'Aristote.

Afin de disposer d'un point de départ pour la discussion, nous allons d'abord exposer brièvement les plus importantes de ces thèses. Dans les paragraphes suivants, il faut donc repérer les difficultés d'interprétation et dégager, à travers une comparaison avec notre propre système formel, les avantages et les inconvénients respectifs de chaque système. Nous résumerons les résultats de Łukasiewicz à travers les 4 thèses principales suivantes :

1. Aristote formule les syllogismes et les autres lois logiques au moyen de lettres à la place des termes concrets. Il exprime ainsi le

fait que la conséquence logique ne dépend que de la forme de la proposition et non de ce qui est énoncé à travers elle, et qu'elle vaut pour tout ce qui peut être mis à la place d'une lettre. Les lettres ont la fonction de variables, c'est-à-dire qu'elles désignent des places vides, **[60]** dans lesquelles on peut employer des prédicats arbitrairement choisis. Cela montre qu'Aristote conçoit effectivement de tels emplois comme formels. Le fait que les lois et règles exprimées ne contiennent, en dehors de variables, que des constantes logiques (connecteurs et relations) caractérise la syllogistique aristotélicienne comme une logique formelle.

2. Outre l'utilisation qui y est faite de variables à la place des termes concrets, les syllogismes aristotéliciens se distinguent de ceux de la logique traditionnelle par le fait qu'ils ne sont pas formulés à partir de règles d'inférence, mais à travers des phrases liées entre elles. Trois propositions isolées, qui sont reliées au moyen des connecteurs « et » et « si…alors », forment ainsi une nouvelle proposition, qui a la propriété d'être vraie ou fausse. Les syllogismes ont la propriété d'être toujours vrais, quels que soient les termes employés à la place des variables. En logique, on nomme de telles formes propositionnelles des lois. Si elles ont la forme d'une implication, c'est-à-dire si elles contiennent le connecteur « si…alors », on peut, en s'appuyant sur le *modus ponens*, aussi appelé « règle de séparation », obtenir d'autres règles. C'est ainsi qu'Aristote fait usage des syllogismes.

3. Le mot « nécessaire » (ἀνάγκη), qui apparaît dans la formulation du syllogisme, exprime justement le fait que la forme propositionnelle est vraie pour chaque substitution. « Pour chaque » est symbolisé, dans la logique moderne, par le quantificateur universel. On peut laisser de côté ce quantificateur devant des formes propositionnelles toujours vraies. Cela correspond à l'usage du terme nécessaire, qu'Aristote laisse parfois de côté.

4. Etant donné que les syllogismes sont des phrases, il est possible de les transformer les uns dans les autres, ce qu'Aristote ne manque pas de faire. Il reconnaît, en effet, un certain nombre de syllogismes, qu'il tient pour évidents et qu'il présuppose sans les prouver : les syllogismes de la première figure. Dans son système,

ils jouent le rôle d'axiomes. A partir de ces derniers, Aristote déduit d'autres théorèmes, à savoir les théorèmes des deuxièmes et troisièmes figures. Cela tient à ce que les règles de la logique des propositions s'appliquent à de telles phrases. Aristote doit donc utiliser, de façon implicite, les règles de la logique des propositions. On peut aussi indiquer lesquelles il a employé, car des preuves valant pour l'ensemble des syllogismes peuvent être écrites dans le langage symbolique moderne et accomplies à travers des déductions rigoureuses dans le calcul des propositions. La syllogistique a donc la forme d'un système déductif axiomatique. Aristote a d'ailleurs décrit lui-même la méthode axiomatique, dans les *Seconds analytiques*, et on trouve à l'occasion, dans ses écrits logiques, certaines règles de la logique des propositions.

Łukasiewicz a ainsi, dans une partie systématique de son ouvrage, présenté formellement la syllogistique d'Aristote d'après cette perspective et il a parfaitement établi la preuve de l'ensemble des syllogismes. Il a **[61]** prouvé qu'en dehors des axiomes du calcul des propositions, quatre axiomes sont nécessaires et suffisants pour construire la syllogistique, à savoir les principes d'identité pour les prémisses en *a* et *i* et deux syllogismes : *barbara* (I) et *datisi* (III). A partir de ce système d'axiomes, on peut prouver l'ensemble des syllogismes ainsi que toutes les règles de conversion et de subalternation. Telle est la raison pour laquelle *datisi* a été choisi comme deuxième axiome et non pas le syllogisme parfait *celarent*, comme c'est le cas chez Aristote. Si c'est ce dernier syllogisme qu'on présuppose axiomatiquement, alors on a besoin au moins d'une règle de conversion supplémentaire.

On peut tout à fait admettre que Łukasiewicz a lui-même vu que la structure de son système s'éloignait considérablement de celle d'Aristote ; il écrit, en effet, dans la préface qu'il ne conçoit pas cette partie de son travail comme une interprétation historique, mais comme un perfectionnement effectif du système d'Aristote. Mais ce qui est intéressant dans cette présentation concerne l'histoire de l'esprit ; de ce point de vue, elle exprime d'une manière très exemplaire la différence entre la conception antique et la conception moderne de ce qu'est un axiome. Pour les logiciens modernes, un axiome est un axiome, et son évidence peut être discutée. Il s'ensuit la maxime : moins il y en a, mieux c'est. Chez Aristote, il est manifeste qu'il en va tout autrement.

Dans l'appendice 2, proposé à la fin de ce travail, nous comparons le modèle proposé par Łukasiewicz au calcul K_s. Chaque système est présenté, de manière symbolique, selon ses principes fondamentaux (axiomes, règles, lois…etc.) et sans les déductions. Le système de Łukasiewicz y est transcrit selon la symbolique plus lisible proposée par Heyting, et que nous avons d'ailleurs utilisée pour formuler notre propre calcul. De même, nous avons utilisé les petits caractères, à la manière proposée par Patzig pour désigner les quatre formes de phrases, tout comme dans le calcul K_s ($AaB \rightleftharpoons A$ est le cas pour tout B).

§8. *Analyse critique.*

Nous allons à présent, tout comme nous l'avons fait pour le calcul K_s, considérer jusqu'à quel point le système de Łukasiewicz est isomorphe au texte d'Aristote. Dans la mesure où cet examen a déjà été mené par Łukasiewicz lui-même, ou par d'autres auteurs, nous nous limiterons aux seuls résultats. Nous nous appuierons avant tout sur les recherches de Patzig [19]. Nous considérerons les thèses de Łukasiewicz dans l'ordre où nous les avons présentées dans le dernier appendice. Pour chacun des quatre points, nous proposerons une comparaison avec le calcul K_s et nous nous demanderons quel modèle est le plus proche du texte d'Aristote.

[62] La première thèse énonce que les lettres employées par Aristote doivent être comprises comme des variables. Il n'y a ici aucune différence avec notre propre modèle de calcul. Tout ce qui a déjà été dit à propos des lettres chez Aristote demeure ici également valable. Même si Aristote n'a pas eu, en tout point, la même façon de comprendre la fonction des lettres que les logiciens modernes, il reste que toute interprétation moderne s'oriente d'emblée vers le concept de variable, et ceci pour une bonne raison, à savoir parce que, historiquement, < l'usage de > ce concept en logique

doit sans aucun doute son origine aux lettres aristotéliciennes, même si le nom < « variable » > est emprunté aux mathématiques.

Pour ce qui concerne le deuxième point, il y a en revanche une différence considérable entre les deux modèles formels. Dans le calcul K_s, ce qui correspond au syllogisme est la règle. Selon une première approche, cette perspective s'accorde avec l'interprétation traditionnelle, par rapport à laquelle Łukasiewicz prend très résolument ses distances, et contre laquelle il soutient que le syllogisme aristotélicien doit être conçu comme une proposition. Afin de décider si cela répond effectivement à une structure isomorphe, nous devons tout d'abord analyser ce que Łukasiewicz veut précisément dire en affirmant qu'un syllogisme n'est pas une règle, mais une proposition ; c'est seulement alors que nous pourrons mesurer si cette thèse est en accord avec le texte.

Quand Łukasiewicz parle de « proposition », il veut dire l'énoncé au sens classique de la logique des propositions bivalentes. Chez Bocheński-Menne [22] ce concept est défini comme « une expression langagière, qui vise un état de chose et qui contient par là cette caractéristique d'être vraie ou fausse ». Le point de départ est donc la fonction sémantique de l'expression langagière, dont on ne retient que cette caractéristique, qui fait que la relation entre la proposition et ce qu'elle désigne peut être caractérisée au moyen de deux propriétés possibles, vraie ou fausse.

Entre de telles propositions, des fonctions de liaison sont définies, à savoir les « connecteurs », par exemple « et », « ou », « si…alors », à travers lesquels il est établi (1) que plusieurs propositions, reliées au moyen d'un connecteur, constituent une seule proposition, à laquelle revient une valeur de vérité et (2) selon quelles conditions cette proposition « moléculaire » est vraie ou fausse en fonction de propositions atomiques qui la composent. Ces conditions sont énoncées dans des tables de vérité.

La théorie des connecteurs ne se pose pas la question de savoir sous quelles conditions les propositions atomiques sont vraies ou fausses : elle n'a pour objet que les relations de connexion qui résultent de l'état de fait [63] de la bivalence. En introduisant, pour les propositions, des variables qui ont une valeur de vérité définie, on obtient une théorie algébrique de la fonction propositionnelle, dans laquelle on peut construire des expressions aussi complexes qu'on le souhaite. Cette théorie proprement mathématique, dont les éléments composent un groupe booléen (*Booleschen Verband*), est désignée historiquement du nom de logique des propositions. La fonction de caractérisation des propositions n'est pas, pour elle, constitutive. Il s'agit d'un calcul qui admet différentes interprétations, et notamment une interprétation sémantique.

Présentent un intérêt théorique particulier les fonctions propositionnelles qui, pour toute position d'une valeur de vérité à la place des variables, donnent toujours la même valeur de vérité, en particulier la valeur « vrai ». On qualifie celles-ci de « phrases propositionnelles toujours vraies » ou de « lois de la logique des propositions ». D'un point de vue sémantique, ces formes sont cependant des tautologies, comme l'a établi Wittgenstein. Etant donné que la relation entre l'énoncé et l'état de choses visé à travers lui a été éliminée de la théorie, l'expression « vrai » n'a pas, en tant que prédicat appliqué à de telles lois, une signification sémantique, mais il désigne plutôt une certaine structure mathématique.

Parmi l'ensemble des fonctions propositionnelles, ce qu'on appelle l'implication reçoit un statut tout à fait particulier. Cette relation est telle que, lorsqu'elle est vraie, si l'antécédent est vrai (sémantiquement ou logiquement), alors le conséquent est toujours vrai, dans le même sens. Cette implication, définie à travers une table de vérité, est connue sous le nom d'implication matérielle. Si une loi logique contient ce connecteur, alors on peut en tirer une règle permettant d'inférer le conséquent de l'antécédent, si ce dernier est vrai. Au demeurant, le concept de règle a chez Łukasiewicz la même signification que dans notre théorie du calcul. Ici aussi prévaut l'idée que les calculs peuvent être définis de façon arbitraire. Une règle n'est toutefois logiquement contraignante que si elle peut être inférée d'une loi logique selon la forme du *modus ponens*. Dans cette théorie, la loi est toujours première.

Nous avons ainsi rassemblé les présuppositions théoriques au moyen desquelles nous pourrons expliquer ce que Łukasiewicz veut dire, lorsqu'il énonce que le syllogisme aristotélicien n'est pas une règle, mais une proposition, et plus précisément une phrase propositionnelle toujours vraie.

Demandons-nous à présent de quelle manière cette thèse se rapporte au texte d'Aristote. L'un des principaux arguments de Łukasiewicz provient de l'attention qu'il porte à la formulation langagière des syllogismes. De ce point de vue, il y a sans aucun doute un isomorphisme. Aristote formule ses syllogismes comme des propositions interdépendantes selon la forme « si...alors », alors que le syllogisme traditionnel a explicitement la forme d'une règle et ne peut en aucun cas être compris comme une proposition. En revanche, [64] il ne s'ensuit pas de cette formulation langagière que le syllogisme aristotélicien puisse être interprété *seulement* en tant que proposition et non pas également en tant que règle. Il est tout à fait possible, et même courant, d'exprimer d'authentiques règles à travers des propositions interdépendantes selon la forme « si...alors », car, dans le langage naturel, toute phrase n'a pas, au sens grammatical, une valeur de vérité. Une autre interprétation possible n'est donc pas radicalement exclue du fait de cet argument.

Il y a cependant un autre point, qui non seulement ne s'oppose pas au modèle de Łukasiewicz, mais parle aussi résolument en sa faveur. Il s'agit du fait que les syllogismes aristotéliciens, ainsi que nous l'avons montré par une analyse historique, ne peuvent pas être compris comme de pures indications d'action au sens d'un jeu schématique. Ils contiennent également une indication sur ce qui fonde leur validité en tant que règles. Nous avons esquissé ce fondement, dans le chapitre précédent, en évoquant un état de fait ontologique. Or, sans aucun doute, un modèle formel permettant de reconstruire les deux aspects de ce phénomène est supérieur à un modèle dans lequel n'est reconstruit que l'usage des syllogismes en tant que règles. Quand on lit à peu près chez Bocheński [9] ce qui différencie les règles des lois logiques, «... les première disent ce qui *est*, et sont des énoncés, tandis que les secondes sont des directives relatives à la façon dont il est permis de procéder... » (p. 26), il semble alors tout à fait pertinent de décrire, dans la syllogistique, le rapport entre la règle et le « fondement de sa validité » au moyen de cette distinction conceptuelle qu'offre la logique des propositions.

Nous avions vu qu'entre l'aspect du syllogisme qui détermine sa fonction comme règle et le concept de règle, propre à notre théorie du calcul, il y avait un lien historiquement démontrable et effectif. En va-t-il de même pour l'autre aspect et sa reconstruction dans le modèle de Łukasiewicz ? On peut étudier cette question selon deux perspectives. Contrairement au concept de règle, pour lequel on ne trouve aucune expression équivalente dans le texte d'Aristote, le concept moderne de proposition renvoie de lui-même, historiquement, à Aristote. Or, on peut se demander si (1) selon la perspective propre à la pensée d'Aristote, c'est-à-dire selon sa propre compréhension des concepts, l'affirmation que le syllogisme serait une proposition a un sens représentable (*ausweisbar*) ou si (2), indépendamment d'une telle relation immanente, on peut établir un rapport substantiel entre le syllogisme aristotélicien et le concept moderne de proposition, comme il a été montré que c'est le cas pour le concept de règle.

Pour ce qui concerne la première question, il convient d'être attentif à cela qu'on trouve, chez Aristote, deux expressions qui correspondent au concept moderne de proposition : « λόγος ἀποφαντικός » (énoncé) et « πρότασις » (prémisse). Dans la tradition, les prémisses sont interprétées comme énoncés et ainsi la différence entre les deux concepts a fini par disparaître. **[65]** Ce pas fut franchi du fait de la mise en ordre systématique des écrits d'Aristote et de leur rassemblement dans ce qu'on appelle l'organon. Nous savons aujourd'hui que cette présentation systématique ne remonte pas à Aristote lui-même[76], comme on l'a longtemps cru. On peut dire des deux concepts de proposition qu'ils tirent leur origine de recherches concernant des problématiques différentes et qu'ils ne sont esquissés et fixés que dans la mesure où la recherche au cours de laquelle ils sont invoqués l'exige. Il n'y a aucun passage connu où Aristote s'exprime explicitement à propos de la relation mutuelle entre ces deux concepts. Il ne dispose pas d'un concept de proposition d'une portée générale, comme ce sera

---

[76] Sur cette question, voir Kapp [10], [11].

le cas plus tardivement, dans la logique traditionnelle et la logique moderne.

En définitive, cette problématique n'est pas si importante pour ce qui nous concerne, car s'il en va de la question de savoir en quel sens Aristote a pu comprendre le syllogisme comme une proposition, alors il est clair qu'il ne peut s'agir ici que du concept de λόγος ἀποφαντικός. Une proposition prise dans ce sens est une expression langagière, qui se définit par la propriété d'être vraie ou fausse. Dans le texte *De l'interprétation*, Aristote écrit que ce type d'expression langagière se caractérise par l'association d'un verbe et d'un nom[77]. Il n'est pas question ici d'une relation conditionnelle entre plusieurs propositions isolées.

Mais après tout, on peut dire que le syllogisme, en tant qu'expression langagière, énonce un état de fait et qu'il pourrait donc être considéré, si l'on prête attention à une telle fonction de désignation, comme une phrase propositionnelle. Cela serait pertinent si l'on pouvait distinguer l'état de fait qu'il désigne de l'expression langagière qui désigne quelque chose de façon conventionnelle. Or, Aristote n'opère pas une telle distinction, avec laquelle seulement sont donnés les concepts de vrai et de faux, pour ce qui concerne le syllogisme. Il est remarquable qu'il ne qualifie jamais un ensemble de propositions dont on ne peut rien conclure de faux syllogisme, ce qui pourrait sembler adapté dans ce cas ; mais dans de tel cas, il dit : « οὐκ ἔσται συλλογισμός »[78]. L'aspect sémantique des propositions, qui est l'objet principal de la recherche menée dans le texte *De l'interprétation*, ne joue dans les *Analytiques* qu'un rôle subordonné et il n'est jamais employé à propos du concept de syllogisme. Bien plus, il est même largement superflu, car, pour Aristote, le fondement de la conséquence nécessaire se situe manifestement dans l'état de choses lui-même. Par conséquent, il formule la plupart du temps les syllogismes immédiatement comme structures de ce qui est le cas ou non, sans jamais recourir au concept vrai ou faux.

---

[77] De int. 1 – 5, 16a1 – 17a24
[78] Par ex. Pr. An. A4, 26 a 3.8.11.14.31.37 ; 26b 1 etc.

[66] Il n'y a aucun point de repère permettant de dire qu'Aristote lui-même ait conçu ses syllogismes comme des phrases propositionnelles au sens où il l'entend dans *De l'interprétation*. On peut, en outre, se demander quelle signification il conviendrait d'accorder à l'expression « si...alors ». Il est peu crédible qu'Aristote l'ait choisie intentionnellement et pour des raisons logiques.

Si toutefois on voulait, malgré tout, concevoir le syllogisme aristotélicien comme une phrase propositionnelle, au sens du *De l'interprétation*, cela conviendrait mal au modèle formel de Łukasiewicz, car le fondement de la vérité ne serait pas alors, pour une telle phrase, le même que chez Łukasiewicz. La vérité d'un λόγος ἀποφαντικός est toujours une vérité au sens sémantique. Pour ce qui concerne le syllogisme, cela voudrait dire que ce qu'il énonce est réel. Mais c'est là quelque chose de tout à fait différent de la vérité d'une forme propositionnelle toujours vraie, laquelle doit être comprise comme tautologie.

Il reste maintenant à examiner la seconde option, à savoir s'il y a un lien effectif entre le syllogisme aristotélicien et la loi comprise au sens de la logique moderne des propositions. Si on formule la différence entre une règle et une loi d'une façon aussi large et indéterminée que Bocheński, alors elle a certainement aussi un sens pour Aristote. Mais la question est de savoir ce qu'il faut comprendre à travers l'expression « ce qui est ». Nous avons montré que cela ne peut être entendu qu'au sens de l'état de choses ontologique. Mais comment faut-il l'entendre dans le cadre de la logique des propositions ?

Ce qu'énonce une loi en logique des propositions, c'est, si l'on peut dire, l'être-toujours-vrai d'une phrase propositionnelle. Cette propriété peut être vérifiée à travers le développement de la valeur de vérité. C'est de cette manière qu'on s'assure, dans la formalisation de la logique des propositions, de la validité d'un axiome. Pour cette raison, on peut dire, dans le calcul des propositions, qu'une loi est cette forme qu'on a le droit d'affirmer, car elle est axiomatiquement valable ou qu'elle est dérivable. Mais que le fondement de la validité d'un syllogisme soit à rechercher dans la valeur de vérité d'une implication matérielle[79], cela peut difficilement être présenté comme une interprétation historiquement fondée au même titre que la thèse selon laquelle les syllogismes ont servi comme règles dans un jeu de discussion.

En outre, l'être-toujours-vrai d'une implication ne peut en aucun cas constituer le fondement ultime de la validité d'un syllogisme, car il demande lui-même **[67]** à être fondé. Cette propriété est vérifiable immédiatement pour les théorèmes de la logique des propositions, à travers le développement de la valeur de vérité, mais tel n'est pas le cas pour les syllogismes parfaits. Ceux-ci peuvent être prouvés en tant que lois à travers des déductions dans le cadre du calcul des prédicats, mais chez Łukasiewicz, ils sont présupposés axiomatiquement, sans que la raison pour laquelle ce sont précisément ces < implications > qui sont admises à titre d'axiome soit énoncée d'une manière suffisamment claire.

Łukasiewicz [15] formule la troisième thèse que nous avons résumée de la façon suivante : « Aristotle uses the sign of necessity in the consequent of a true implication in order to emphasize that the implication is true for all values of variables occurring in the implication... In modern formal logic expressions like "for all A" or "for all B", where A and B are variables, are called universal quantifiers. The Aristotelian sign of syllogistic necessity represents a universal quantifier..." (p. 11) La question est ici de savoir comment interpréter l'interprète.

Si on fait abstraction des difficultés, mentionnées auparavant, que soulève une interprétation du « si...alors » aristotélicien comme implication matérielle, et si par « true implication », on entend simplement une relation de conséquence valide, alors les phrases de Łukasiewicz expriment, sous cette forme vague, quelque

---

[79] Ce qu'on appelle implication formelle est une implication matérielle quantifiée portant sur des prédicats. Si un système moderne de logique des propositions était vraiment approprié pour reconstruire les syllogismes aristotéliciens en tant qu'ils ont pour propriété d'être des lois, alors il faudrait que le système s'en tienne à l'implication stricte. Il est intéressant de rapprocher ce point du passage déjà cité : Pr. An. B11, 62a11 – 17. « Que tout doive être soit affirmé soit nié » est un « axiome convaincant », et donc aussi une phrase vraie. Cependant, Aristote n'attribue pas à cette relation de conséquence une valeur de vérité.

chose de correct. On pourrait objecter, à la rigueur, que l'accent porte trop sur « for all », alors que ce qui est constitutif de la nécessité n'est pas seulement « for all », mais tout autant « true ». Dans la logique formelle moderne, le quantificateur universel désigne une affirmation générale, sans qu'il soit forcément besoin qu'on ait décidé quelque chose au sujet de sa vérité ou de sa validité. Ce n'est que si la validité d'une telle affirmation a été prouvée ou reconnue qu'il peut y avoir correspondance avec ce qu'Aristote exprime à travers le mot de « nécessité ». Or, Łukasiewicz présuppose la validité.

En revanche, si on prend Łukasiewicz au mot et si on tente d'accomplir une mise en correspondance rigoureuse entre le quantificateur universel de la logique moderne et le mot «ἀνάγκη », alors on se trouve confronté aux difficultés que Patzig a mises en lumière ([19] § 7-8, p. 30 sq). On peut les résumer de la façon suivante :

1. Aristote ne désigne comme nécessaires que les propositions qui expriment le fait d'être ou de n'être pas le cas étant données certaines présuppositions, à savoir que ces propositions doivent avoir la forme de prémisses. Au contraire, le quantificateur universel, qui exprime la nécessité syllogistique, étend sa portée sur l'ensemble du syllogisme ; ainsi, par exemple,

$$\bigwedge_{A, B, C} . AaB \land BaC \to AaC,$$

est un prédicat attribué à la proposition qui expose le syllogisme dans son ensemble.

2. **[68]** Aristote distingue entre une nécessité « absolue » et une nécessité « relative ». La nécessité absolue est une caractéristique des propositions examinée dans le cadre de la logique modale ; la syllogistique assertorique n'est concernée que par la nécessité relative. Il s'agit alors d'un prédicat distinguant une proposition en tant que conclusion d'un syllogisme. Pour cette distinction « relatif/absolu », il n'y a pas isomorphisme dans le modèle de Łukasiewicz. Pour aller au bout d'une telle interprétation, il faudrait apporter des corrections importantes à la façon dont Aristote s'est exprimé, ainsi que l'a fait Patzig ([19], §9, p. 42 sq).

Le modèle de calcul fait preuve sur ce point d'un meilleur isomorphisme avec le texte d'Aristote qu'une reconstruction à travers un système basé sur une théorie de la valeur de vérité. Dans un modèle de ce type, la nécessité ne peut être comprise que comme l'être-toujours-vrai d'une proposition. Or, il se trouve qu'Aristote n'emploie jamais les concepts sémantiques « vrai » et « faux » pour décrire la nécessité. Comme nous l'avons déjà montré, le concept de nécessité exprime, dans le cadre de la syllogistique assertorique, une relation de conséquence entre des états de fait. Du fait de la fonction de désignation des propositions, la relation de conséquence vaut pour celles-ci, de manière secondaire, dans la mesure où elles sont vraies[80]. En faisant correspondre la nécessité et la dérivabilité, une telle relation est reconstruite de manière parfaitement isomorphe, ainsi que nous l'avons vu.

A l'égard de la quatrième des thèses mentionnées, on trouve une différence remarquable avec le calcul K_s. Łukasiewicz a montré qu'on pouvait reformuler, d'une manière rigoureuse, la « réduction » des syllogismes de la deuxième et troisième figure à travers des preuves de logique des propositions, c'est-à-dire à travers des dérivations dans le calcul des propositions, si on adopte les principes de correspondance suivants : syllogisme – proposition (moléculaire en l'occurrence), syllogisme parfait – axiome, syllogisme imparfait – théorème dérivé.

Ce que soutient Łukasiewicz va encore plus loin, mais tenons-nous en à ce point pour le moment. Ce qu'il y a d'étonnant dans cette thèse est l'isomorphisme remarquablement bon des structures correspondantes, bien qu'il n'y ait aucune trace dans le texte d'Aristote d'un quelconque recours à une théorie logique, telle que celle que Łukasiewicz présuppose. Le contenu de cette affirmation n'est naturellement pas qu'on peut présenter la réduction des syllogismes de cette manière, mais qu'on le pourrait tout aussi bien autrement. Il s'agit bien plutôt de soutenir que la validité de certaines lois de logique des propositions *doit*, du fait de l'essence même de la chose, être présupposée, car sans l'existence de ces lois de telles réductions ne seraient pas du tout possibles. D'un autre côté, on

---

[80] A comparer avec le passage déjà cité Pr. An. B2, 53b 12-14

serait en droit d'attendre d'un logicien correct, tel qu'Aristote se révèle l'être dans ses faits et gestes, **[69]** qu'il énonce les présuppositions logiques dont il se sert. La question est savoir si le fait qu'il ne le fasse pas est à comprendre comme une faute logique de la part d'Aristote ou alors comme une faiblesse du modèle formel de Łukasiewicz.

Pour mener à bien une critique de l'interprétation de Łukasiewicz, il faut distinguer la structure (*Aufbau*) formelle du système, qu'il a développée dans la deuxième partie de son travail, de la thèse principale, qui veut que les réductions de syllogismes soient des déductions de logique des propositions. Łukasiewicz a lui-même parfaitement vu la différence de structure entre son système symbolique et celui d'Aristote. Cette partie du travail n'est pas menée avec l'ambition de l'historien, afin de développer un modèle qui soit aussi proche que possible du texte aristotélicien, mais plutôt avec l'ambition du logicien, visant à faire, sur le fond, mieux qu'Aristote. Mais si on corrige la différence qui en résulte, la thèse fondamentale que nous avons mentionnée demeure toujours intacte.

W. et M. Kneale ([12], p. 81) n'ont pas suffisamment différencié ces deux perspectives dans leur critique de Łukasiewicz. Ils disent, avec raison, que l'opinion d'Aristote ne consistait pas à dire que sa théorie syllogistique présupposerait une partie plus fondamentale de la logique, mais ils ne fournissent pas d'explication du fait qu'Aristote ait pu transformer certains syllogismes en d'autres. Cela pose, en effet, un problème qu'un logicien estimé ait pu soutenir qu'un tel procédé présuppose la logique des propositions. Ils expliquent la réduction à travers la conversion de prémisses d'une façon tout à fait traditionnelle. Cette interprétation est irréprochable d'un point de vue logique et historique, et elle est parfaitement suffisante pour les besoins d'un manuel scolaire. Elle ne fournit toutefois aucune réponse au problème que se pose Łukasiewicz. Une telle réponse suppose en effet un niveau de réflexion plus avancé. Dans ce qui suit, nous discuterons l'interprétation de la réduction comme preuve en logique des propositions et nous ne nous intéresserons pas aux différences formelles du modèle.

Łukasiewicz accomplit cependant un pas supplémentaire par rapport à ce que nous avons mentionné jusqu'à présent. Il se rapporte aux *Seconds analytiques*, où Aristote décrit lui-même exhaustivement la méthode axiomatique et estime, en outre, que ce dernier aurait formulé, çà et là dans ses écrits logiques, des faits ayant le caractère de lois de logique des propositions. A partir de ces constatations, Łukasiewicz soutient qu'une structure (*Aufbau*) axiomatique de la syllogistique, au sens où il l'entend lui-même, aurait été également visée par Aristote. Cette affirmation, exprimée formellement, signifie qu'il y aurait aussi correspondance entre les paires de concepts suivantes : le concept aristotélicien d'axiome et le concept d'axiome en logique des propositions ; le concept aristotélicien de preuve et le concept de preuve en logique des propositions ; mais Łukasiewicz a estimé [70] qu'Aristote n'a pas considéré comme identiques, d'une part, un axiome et un syllogisme parfait et, d'autre part, une preuve et la réduction d'un syllogisme, et qu'il était plutôt d'avis que toute preuve consiste en un syllogisme, ce qui est à ses yeux une erreur regrettable commise par Aristote ([15], p. 44).

C'est encore une fois à Patzig ([19] §27, p. 137) que nous devons une analyse précise des difficultés soulevées par une telle manière de voir. Nous trouvons, dans son travail, un examen plus complet de l'usage linguistique, fait par Aristote, des concepts de preuve et d'axiome et des expressions au moyen desquelles il décrit le procédé de la réduction de syllogisme. Il ne fait aucun doute que le modèle formel de Łukasiewicz est inapproprié pour rendre la distinction clairement établie par Aristote entre une preuve, dont le syllogisme est un instrument, et la réduction d'un syllogisme imparfait à un syllogisme parfait.

Cette lacune s'explique notamment par la théorie des connecteurs sous-jacente à cette perspective. Il y est présupposé que chaque liaison de propositions constitue une proposition de même type que les éléments de cette liaison, à savoir une expression caractérisée uniquement par le fait d'être vraie ou fausse. Il n'est pas du tout évident que cela soit valable dans tous les cas pour le connecteur de l'implication. Si l'on conteste un tel présupposé, alors on ne peut pas nier qu'une implication doive être conçue, dans certaines circonstances, comme un énoncé *sur* des propositions, et donc comme une proposition appartenant à un niveau supérieur du langage.[81] La distinction entre des niveaux de langage est supprimée, en revanche, pour l'implication matérielle. Cette négligence est admissible dans certains domaines, mais elle ne l'est pas dans l'absolu, sinon la logique moderne ne dépendrait pas d'une théorie des types.

On sait, avec une grande vraisemblance, qu'Aristote ne disposait pas d'une théorie extensionnelle des connecteurs. Il est donc tout à fait compréhensible qu'il n'ait pas été conduit jusqu'à l'idée d'identifier, de façon simple, différents niveaux de langage, comme quelque chose d'immédiatement donné. C'est manifestement la raison pour laquelle, selon lui, les analytiques ne sont pas une science, le syllogisme n'est pas une proposition, un syllogisme parfait n'est pas un axiome et la réduction d'un syllogisme n'est pas une preuve. Toutes ces paires de concepts sont constituées, d'une part, d'un concept du langage-objet et, de l'autre, d'un concept du métalangage.

[71] C'est aussi vraisemblablement là que repose le fond des difficultés qu'Aristote rencontrait dans la formulation du procédé de la preuve indirecte. En établissant le calcul K_s, nous avons vu que la formule antécédente de la règle correspondante contenait une affirmation de dérivabilité. Chez Aristote, il apparaît que l'implication de niveau supérieur n'est pas exprimée à travers « si...alors », mais qu'elle décrit une indication d'action.

La reconstruction à partir du calcul K_s est également plus proche, sur ce point, du système d'Aristote. Dans notre théorie de calcul, la série des niveaux de la dérivation immédiate, de l'affirmation de dérivabilité et de l'affirmation d'admissibilité est, dès le début, pré-

---

[81] Il ne s'agit pas ici de niveaux de langage au sens de la sémantique. Il s'agit plutôt d'un concept plus général de niveaux de prédication, comme on en trouve au fondement de la théorie des types de Russell. Cette relation de hiérarchie s'appliquerait aux règles elles-mêmes. Dans une théorie de logique des propositions, les connecteurs sont des fonctions dont les arguments correspondent aux propositions liées. Sous cet aspect, dans une expression complexe, un connecteur liant faiblement appartient toujours à un niveau plus élevé qu'un connecteur liant plus fortement.

cisément différenciée. Et c'est précisément cette série de niveaux qui permet de reconstituer les différences, précédemment évoquées, qu'on trouve chez Aristote. A vrai dire, chez Lorenzen, la dérivabilité et l'admissibilité sont identifiées l'une à l'autre, mais seulement au moyen d'un geste explicite et, à un stade ultérieur de sa recherche, plus précisément, sur la base d'un isomorphisme établi entre la théorie-objet et la métathéorie. Nous n'allons pas jusqu'à ce point pour établir notre modèle formel.

Il a déjà été montré comment s'exprime en détail, dans le modèle de calcul, la différence entre une preuve et une réduction. Chez Aristote, une preuve est la dérivation d'une proposition, qui se rapporte immédiatement à un étant et qui exprime donc le fait d'être ou de n'être pas le cas, à travers l'utilisation expresse de règles, qui trouvent également leur fondement dans la constitution de l'étant, et qui correspondent donc aux syllogismes. Ce système de règles constitue la syllogistique et rend possible la méthode axiomatique. Dans le calcul qui reconstruit la syllogistique, la preuve correspond à la dérivation immédiate d'un énoncé du calcul à l'aide des règles préalablement données. La réduction des syllogismes correspond à la preuve de l'admissibilité de règles supplémentaires, d'une manière purement opérative, dans le calcul déjà défini. Pour ce procédé, il n'est besoin chez Aristote d'aucune supposition supplémentaire à propos de l'étant, mais seulement de ce qui est toujours déjà présupposé quand on effectue une dérivation en général, c'est-à-dire quand on « prouve » au sens d'Aristote. Le procédé lui-même est certes une preuve, mais, ainsi que nous l'avons amplement montré, il ne l'est pas au sens d'une dérivation.

§ 9. *Le rapport entre les deux systèmes modernes.*

Nous nous sommes maintenant familiarisés avec deux différentes reconstructions de la syllogistique d'Aristote. Dans chacune d'elles, différents concepts, issus de systèmes logiques modernes, sont mis en correspondance avec les concepts du texte, et on trouve cependant dans tous les cas un degré considérable d'isomorphisme avec le système du texte. Il est naturel de penser **[72]** qu'entre deux systèmes isomorphes à un troisième, on devrait pouvoir montrer également un isomorphisme (l'isomorphisme est transitif).

Pour établir explicitement une telle relation entre les deux systèmes, on doit reconstruire formellement l'un dans l'autre. Une telle entreprise est également intéressante en vue de l'interprétation du texte, dans la mesure où les opérations permettant la reconstruction de l'un des systèmes dans l'autre peuvent offrir un aperçu sur ce qui fonde la différence de portée des deux systèmes eu égard à la reconstruction de la théorie aristotélicienne.

Dans ce qui suit, il nous faut accomplir la reconstruction du calcul K_s à partir du modèle formel de Łukasiewicz. Il suffit pour cela de produire un lien entre les concepts qui, dans chaque modèle, sont articulés de façons différentes aux concepts d'Aristote. Il s'agit de ceux qui, comme l'a montré le précédent paragraphe, ont été exprimé à travers les trois dernières des quatre thèses de Łukasiewicz ayant été résumées. Nous formulerons les points d'oppositions de la façon suivante : (1) le syllogisme est présenté par Łukasiewicz comme un énoncé de logique des propositions et, dans le calcul K_s, comme une règle ; (2) au concept de nécessité correspond, chez Łukasiewicz, le quantificateur universel et, dans le calcul K_s, la dérivabilité ; (3) la réduction d'un syllogisme correspond, chez Łukasiewicz, à une déduction dans le calcul des propositions et, dans le modèle de calcul, à l'élimination d'une règle admissible. Nous allons examiner ces trois points dans l'ordre.

Pour ce qui concerne le premier point, le lien est facile à établir. Sur la base du *modus ponens*, on peut, en logique des propositions, obtenir une règle à partir de chaque loi d'implication. Ce concept de règle n'est pas différent de celui qui a cours dans notre théorie du calcul. Par contre, on ne peut pas obtenir, sans ajout supplémentaire, une loi de logique des propositions à partir d'une règle. Cela signifie que, de ce point de vue, le modèle de Łukasiewicz présente une affirmation plus forte. Il implique un calcul correspondant.

S'agissant du deuxième point, on peut relier les deux modèles en déplaçant seulement l'importance accordée, dans la formulation de Łukasiewicz à l'expression « universal quantifier » au bénéfice de l'expression « true formula ». Dans un système de logique des propositions, les axiomes et les théorèmes qui en sont dérivés sont, en effet, indiqués à travers le signe d'assertion ⊢. Or, si de telles formules toujours vraies contiennent des variables libres, alors il est clair qu'elles sont valables pour toutes les valeurs de ces variables. On peut donc placer un quantificateur universel devant toutes ces variables. Mais la validité universelle suit déjà du concept de variable en tant que tel ; en d'autres termes, on peut laisser de côté le quantificateur universel, ainsi que le remarque d'ailleurs Łukasiewicz lui-même. En revanche, le signe d'affirmation [73] ne peut pas être aussi directement laissé de côté, car la vérité du théorème est maintenant constitutive du phénomène de la nécessité.

Il apparait alors que la dérivabilité ou la validité axiomatique du syllogisme conçu comme théorème correspond bien à la nécessité :

$$\bigwedge_{A, B, C}. AaB \wedge BaC \rightarrow AaC$$

est donc équivalent à :

$$AaB \wedge BaC \rightarrow AaC.$$

Si nous effectuons le passage, décrit à propos du premier point, de la loi à la règle, alors on obtient la dérivabilité, comprise au sens d'une nécessité relative, telle qu'elle apparaît dans le calcul K_s :

$$AaB \wedge BaC \vdash AaC.$$

Ajoutons que la virgule, qui, dans la théorie du calcul, exprime une indication d'action, est équivalente à la conjonction en logique des propositions.

En ce qui concerne le troisième point, c'est la fondation opérative de la logique qui permet d'établir une liaison entre les deux modèles formels. Nous avions montré que les syllogismes imparfaits pouvaient être ramenés, à travers une méthode d'élimination, à des règles admissibles. Sur la base d'une telle procédure, on peut poser une affirmation d'admissibilité à propos de cette règle. Si, pour désigner l'admissibilité, on emploie, ainsi que le fait Lorenzen, le même signe d'affirmation que pour désigner la dérivabilité, alors il s'ensuit, par exemple dans le cas du syllogisme *festino* (II) l'affirmation d'admissibilité suivante :

$$\vdash_{K_s} MeN, MiX \to NoX$$

« $\vdash_{K_s}$ » doit être lu : « il est admissible dans K_s ». On peut, de façon similaire au cas de la dérivabilité, formuler à propos de < certaines > règles une affirmation d'admissibilité relative, c'est-à-dire par rapport à d'autres règles, dont l'ajout au calcul rend valide l'affirmation de dérivabilité. Si la condition de l'admissibilité contient l'ensemble des règles qui ont été utilisées en vue de l'élimination, alors on obtient évidemment une affirmation d'admissibilité, qui vaut pour n'importe quel calcul, car on peut ajouter à n'importe quel calcul ces règles, au moyen desquelles une autre règle se laisse éliminer, alors **[74]** cette règle est, elle aussi, admissible. Dans l'exemple de *festino*, l'affirmation correspondante est :

$$MeN \to NeM \; ; \; NeM, MiX \to NoX \vdash MeN, MiX \to NoX.$$

Pour tous les syllogismes imparfaits, on peut formuler de telles affirmations d'admissibilité.

Selon Lorenzen, on pourrait mettre en place un méta-calcul, dans lequel les règles dont on aurait montré qu'elles sont admissibles seraient des figures dérivables. Une assertion d'admissibilité relative correspond alors à une règle du méta-calcul. De cette manière, pour chaque élimination d'une règle correspondant à un syllogisme imparfait, on pourrait donner une métarègle adéquate. Si, dans une formulation simplifiée, nous introduisons comme variables les petits caractères pour une expression de la forme *AxB*, alors on obtient, dans le cas de *festino*, la métarègle suivante :

$$p \to q \; ; \; q, r \to s \overset{\cdot}{\to} p, r \to s.$$

Dans une dernière étape, remplaçons, dans cette métarègle, la virgule par le signe « et » ∧ et nous interprétons la flèche et le signe « et » comme implication et conjonction dans la logique des propositions et les lettres *p, q, r*... comme des variables de proposition. On obtient alors une loi de logique des propositions, comme on pourrait le montrer en introduisant des valeurs de vérité ou en faisant une dérivation dans le calcul des propositions.

Cela n'est nullement étonnant, si l'on se souvient de la fondation opérative de la logique, car les lois logiques ne sont ici rien d'autre que les règles et métarègles universellement admissibles, c'est-à-dire admissibles dans un calcul quelconque. Et comme nous l'avons vu, la métarègle, qui nous a fourni la loi de logique des propositions, est une règle en vue de la dérivation d'une règle admissible dans un calcul quelconque et elle est donc elle-même universellement admissible.

Avec la loi de logique des propositions

$$p \rightarrow q \wedge q \wedge r \rightarrow s \overset{\cdot}{\rightarrow} p \wedge r \rightarrow s \qquad (9,1)$$

nous n'avons cependant pas encore obtenu les mêmes lois que celles qu'utilise Łukasiewicz pour prouver *festino*, mais la forme que Patzig ([19], p. 147 et 151), qui cherche à adhérer au texte aristotélicien de manière très étroite, propose comme étant la loi de logique de proposition sous-jacente < à la démonstration de *festino* >. De son côté, Łukasiewicz utilise les deux lois suivantes :

$$p \rightarrow q \overset{\cdot\cdot}{\rightarrow} q \rightarrow r \overset{\cdot}{\rightarrow} p \rightarrow r \qquad (9,2)$$

$$p \rightarrow q \overset{\cdot}{\rightarrow} p \wedge r \rightarrow q \wedge r. \qquad (9,3)$$

[75] On peut cependant facilement montrer que (9,1) est contenu dans (9,2) et (9,3), si on utilise en outre la règle d'exportation

$$p \overset{\cdot}{\rightarrow} q \rightarrow r \overset{\cdot}{\leftrightarrow} p \wedge q \rightarrow r \qquad (9,4)$$

A travers les substitutions $p / p \wedge r$, $q / q \wedge r$ et r / s, on obtient effectivement à partir de (9,2)

$$p \wedge r \rightarrow q \wedge r \ddot{\rightarrow} q \wedge r \rightarrow s \dot{\rightarrow} p \wedge r \rightarrow s$$

Et du fait de (9,3), on obtient aussi

$$p \rightarrow q \ddot{\rightarrow} q \wedge r \rightarrow s \dot{\rightarrow} p \wedge r \rightarrow s.$$

En utilisant l'équivalence (9,4), (9,1) s'ensuit immédiatement.

Pour ce qui concerne les réductions par l'impossible, il s'ajoute encore un autre aspect. On peut toutefois procéder d'abord de manière analogue à l'exemple précédent et former l'affirmation d'admissibilité établie à travers la méthode d'élimination. Prenons, en guise d'exemple, *baroco* (II). Si comme auparavant nous admettons comme condition d'admissibilité toutes les règles de K_s, que nous avons utilisée pour l'élimination, alors nous obtenons à nouveau une affirmation d'admissibilité universelle[82] :

MaN, NaX → MaX ; NaX → MaX, MoX $\dot{\rightarrow}$ NoX ⊢ MaN, MoX → NoX.

Ici, c'est juste la définition D_1 (et par conséquent le signe $\wedge$) qui est éliminée. (Cette simplification correspond aussi à la façon de parler d'Aristote). A travers les opérations décrites dans l'exemple précédent, nous accomplissons de nouveau le passage à la métarègle correspondante, qui peut être interprétée cette fois encore comme une loi de logique des propositions, comme on peut le montrer à travers un développement de valeurs de vérité. Cette loi est la suivante :

$$p \wedge q \rightarrow r \ddot{\wedge} q \rightarrow r \wedge s \dot{\rightarrow} t \ddot{\rightarrow} p \wedge s \rightarrow t. \qquad (9,5)$$

---

[82] Comparer à la procédure d'élimination proposée p. 39.

Cette forme se distingue encore de la loi utilisée par Łukasiewicz, mais d'une autre manière que celle que nous avons trouvée pour la réduction directe d'un syllogisme. On ne peut pas la transformer d'une manière habituelle en la formule de Łukasiewicz. La raison en est la suivante : Łukasiewicz ne prend pas en considération le syllogisme *per impossibile*, qui correspond à notre règle R_4, comme une partie constitutive de la théorie-objet, mais il ne considère que les syllogismes directs d'Aristote. C'est pour cela qu'il utilise le principe du tiers-exclu, qui est, de fait, contenu dans la logique classique des propositions, comme une partie constitutive de sa métathéorie.

Si nous introduisons la négation dans le calcul K_S, de l'une des façons déjà invoquées, et si nous n'admettons pas la règle R_4 parmi les conditions de [76] l'admissibilité, on peut formuler l'affirmation d'admissibilité pour *baroco* de la façon suivante :

$$MaN, \neg NoX \to \neg MoX \vdash MaN, MoX \to NoX,$$

qui permet d'obtenir la métarègle suivante :

$$p \wedge \neg q \to \neg r \overset{\cdot}{\to} p \wedge r \to q. \qquad (9,6)$$

Celle-ci correspond exactement à la règle utilisée par Łukasiewicz. On ne peut cependant pas prouver l'affirmation d'admissibilité (9,6) à travers une méthode d'élimination ou un autre principe protologique. Elle exprimerait une admissibilité universelle, si le principe du tiers-exclu, qui est contenu sous la forme de la règle R_4 dans (9,6), était une règle universellement admissible. Mais ce n'est pas le cas, ainsi que le montre la fondation opérative de la logique. Le principe du tiers-exclu n'est pas une règle admissible dans n'importe que calcul, mais seulement une règle caractéristique du jeu de discussion antique. Elle exprime que le discutant doit toujours répondre d'une manière déterminée à une question appelant un oui ou un non. C'est là encore dans l'ontologie que cela est fondé, à savoir dans le fait que tous les énoncés à propos d'un étant reposent toujours sur l'acte d'en affirmer ou d'en nier un prédicat.

Il n'est pas du tout aberrant de situer le principe du tiers-exclu dans la métathéorie, car, sous la forme R_4, c'est, comme nous l'avons montré, une métarègle. Celle-ci contient, dans sa formule antécédente, un énoncé d'un niveau supérieur, à savoir une affirmation d'admissibilité. D'un autre côté, on a aussi de bonnes raisons de le compter comme appartenant à la théorie objet, car R_4 sert bien à la dérivation de figures simples, comme le font les autres règles. A cela correspond chez Aristote, qui n'avait pas de métathéorie, le fait qu'on trouve chez lui le principe du tiers-exclu et corrélativement la méthode de la preuve indirecte, et notamment en tant que principe pour prouver des propositions simples.

Dans tous les cas, la métarègle (9,6) est aussi une loi au sens de la forme propositionnelle toujours vraie, car dans la logique propositionnelle, édifiée sur le principe de bivalence, le principe du tiers-exclu est valide. Selon la terminologie de Lorenzen, la différence est seulement que la métarègle (9,5), fondée au moyen de la méthode d'élimination, appartient au calcul logique effectif, tandis que la loi (9,6), employée par Łukasiewicz, appartient au calcul logique fictif.

Dans la comparaison des deux systèmes proposée dans l'appendice 2, nous avons exposé les métarègles correspondant aux réductions pour l'ensemble des syllogismes reconnus valides par Aristote.

Dans notre modèle formel, la relation entre la théorie-objet et la métathéorie est donc exactement inverse à celle qu'on trouve chez Łukasiewicz. [77] Chez celui-ci, la logique propositionnelle est, en tant que système de propositions vraies, ce qui est donné en premier. A partir de ces propositions, on obtient, par substitution et par séparation, des règles, d'après lesquelles on peut accomplir les opérations exigées par la réduction des syllogismes. Dans notre modèle, les opérations de réduction sont données d'abord et elles ont force de preuve par elles-mêmes. Ces opérations peuvent être décrites à travers les règles d'une métathéorie, qui est formulée après-coup. Les règles de cette métathéorie vont au-delà de ce qu'on peut désigner comme propositions vraies dans une interprétation en termes de logique propositionnelle.

Si nous avons ainsi comparé les deux systèmes et établi le mode de leur liaison, on doit encore constater entre eux certaines différences formelles, que nous avons déjà indiquées à plusieurs reprises. L'une d'entre elle repose sur le souci de Łukasiewicz de porter l'effort d'axiomatisation plus loin qu'Aristote. C'est là une imperfection, si le but du système est de fournir un modèle de la théorie aristotélicienne dans sa forme historique. Outre cette différence relative au mode de la reconstruction axiomatique, il y a aussi une différence qui concerne le mode d'introduction du signe de la négation. Comme Łukasiewicz présuppose la logique des énoncés en totalité, il peut se servir du concept de la négation d'une proposition et définir, d'après la règle de contradiction, deux relations fondamentales. Deux définitions suffisent ici, car avec la logique classique des énoncés, la loi de double négation ($\neg\neg p \leftrightarrow p$) est déjà donnée.

Il est possible, par des opérations purement formelles du calcul des propositions, de laisser de côté cette dernière différence et ainsi de reconstruire l'un des systèmes à partir de l'autre. Nous nous épargnerons cependant cette peine, car ce à quoi cela conduirait est évident par ce qui précède. Il n'y a là aucune découverte intéressante à attendre, qui soit significative du point de vue des principes. Avec la preuve qu'il existe une relation entre les concepts essentiels et fondamentaux, nous pouvons considérer comme établie la reconstruction de chaque système au moyen de l'autre.

A la lumière de ce qui a été montré dans les derniers paragraphes, comparons encore une fois, pour finir, les deux modèles formels au texte d'Aristote. La question décisive, dont tout le reste dépend plus ou moins, est de savoir si Aristote utilise la logique des énoncés ou non. L'affirmation que ce serait le cas a remué les esprits depuis la parution de l'interprétation de Łukasiewicz, car cela ne ressort pas du tout des passages textuels correspondants et on s'en est très bien sorti pour les interpréter depuis deux mille ans, sans jamais faire référence à la logique propositionnelle. D'un autre côté, la cohérence du modèle de Łukasiewicz est pleinement convaincante. Le recours à des expressions telles que « implicitement »

[78] ou « intuitivement » ne fait pas disparaître le problème, mais il le rend plutôt d'autant plus mystérieux.

Or, nous disposons d'un autre modèle formel, qui n'a pas besoin de présupposer un emploi sous-jacent de la logique propositionnelle par Aristote et qui, de ce point de vue, conserve pleinement la cohérence propre au texte. La question de savoir si Aristote utilise ou pas la logique propositionnelle est déplacée vers le champ des discussions modernes qui ont trait aux fondements. Elle revient alors à la question de savoir quelle théorie des fondements de la logique est la bonne. Faut-il considérer que l'acte d'opérer d'après des règles générales est possible parce que les axiomes de la logique sont vrais ou, inversement, faut-il considérer que nous ne pouvons établir les lois logiques que parce que nous avons la capacité d'agir d'après des règles ?

On pourrait éventuellement discuter cette question de principe au moyen des arguments qui ont été proposés dans le cadre des discussions scientifiques contemporaines, par exemple l'argument selon lequel une logique fondée de manière opérative contiendra toujours moins de présupposition qu'une logique fondée axiomatiquement, même si c'est à partir du minimum d'axiomes. En effet, il faut toujours ajouter aux axiomes d'un système la capacité d'opérer schématiquement, et notamment sous la forme des règles de substitution et de séparation.

Tel n'est cependant pas notre propos et cela dépasserait le cadre de ce travail que de restituer cette discussion de façon même approximativement adéquate, et encore plus de nous engager dans une décision. Ce qu'on peut dire ici est que cette question, qui a été discutée jusqu'à présent sur le terrain des choses mêmes, contient aussi un aspect historique.

Le résultat d'une recherche philologique portant sur le plus ancien des textes de logique qui nous soit parvenu montre qu'un être humain était en mesure d'établir que des règles étaient admissibles à travers des opérations schématiques sans avoir besoin de se rapporter à une logique propositionnelle. Il ne disposait pas davantage d'une théorie de la logique propositionnelle, qui lui aurait donné les moyens d'en construire une. Pourtant, les preuves d'admissibilité, inhérentes à cette entreprise, sont à la hauteur de toute exigence de rigueur formelle. Ce qui précède est donc clair, si l'on considère les choses d'un point de vue historique.

On voit à travers ce résultat, qui a une valeur exemplaire, comment l'interprétation d'un texte historique et la connaissance effective de l'objet de ce texte se pénètrent et se complètent mutuellement, à la façon d'un cercle, si on les mène l'une et l'autre selon une certaine interaction. S'il est vrai que l'analyse du texte d'Aristote procure un argument dans le débat qui concerne le fondement de la logique, on peut tout aussi bien considérer que nous avons autant progressé dans la compréhension de ce texte, que nous avons progressé, depuis Łukasiewicz, dans la compréhension de ce qu'est vraiment la logique.

[81] Bibliographie.

Textes de référence.
[1] Aristotelis opera ed. I Bekker, Vol. 1 et 2, Darmstadt,1960
[2] Aristotle's Prior and Posterior Analytics, a revised text with introduction and commentary by W. D. Ross, Oxford 1949, 2ème edition 1957
[3] Aristoteles' Organon in 5 Bdn, Traduction par E. Rolfes, Leipzig 1918-1925, edition Leipzig, Hambourg 1948 / 1958
[4] Index Aristotelicus, par H. Bonitz, Berlin 1870, Edition Darmstadt 1960

Littérature secondaire.
[5] Ackrill, J.L. Recension de G. Patzig : « La syllogistique d'Aristote », *Mind* 71, 1962, Nr. 281
[6] Albrecht, W., *Die Logik der Logistik*, Berlin, 1954
[7] Becker, A., *Die aristotelische Theorie der Möglichkeitsschlüsse* (Diss. Münster), Berlin, 1933
[8] Bocheński, I.M. "Non-Analytical Laws and Rules in Aristotle", *Methodos* (Mailand) III, 1951
[9] Bocheński, I. M. *Formale Logik* (Orbis Academicus III,2), Freiburg, 1956.
[10] Kapp, E., Artikel "Syllogistik" in Pauly-Wissowa, *Realencyklopädie d. klass.* Alt. Bd IV a, 1931
[11] Kapp, E., *Greek foundations of traditional logic*, New York, 1942
[12] Kneale, W. u. M., *The Development of Logic*, Oxford, 1962
[13] Lorenzen, P. *Zur Interpretation der Syllogistik*, Archiv f. math. Logik u. Grundl.forsch. 2, 1951, 2ème édition 1957
[14] Łukasiewicz, J. « Zur Geschichte der Aussagenlogik », *Erkenntnis* V, 1935
[15] Łukasiewicz, J. *Aristotle's Syllogistic from the Standpoint of Modern Formal Logic*, Oxford, 1951
[16] Maier, H. *Die Syllogistik des Aristoteles*, Tübingen, 1896 – 1900
[17] Menne, A. *Logik und Existenz*, Meisenheim, 1954
[18] Patzig, G. "Aristotle and syllogisms from false premises", *Mind*, 68, 1959, Nr. 270
[19] Patzig, G. *Die Aristotelische Syllogistik*, Göttingen, 1959[83]

---

[83] Il existe une traduction anglaise de [19] qui contient en appendice [18] : Aristotle's Theory of Syllogism, Dordrecht. D. Reidel, 1969 (N. d. T.)

[20] Prantl, C. *Geschichte der Logik im Abendlande*, BD I/II, Leipzig 1855/1861

[21] Scholz, H, *Geschichte der Logik*, Berlin, 1931

[82] Sur la logique moderne

[22] Bocheński, I.M, Menne, A. *Grundriss der Logistik*, Padeborn, 1954

[23] Hilbert, D., Ackermann, W., *Grundzüge der theoretischen Logik*, 4ème edition, Berlin/Göttingen/Heidelberg, 1959

[24] Lewis, C. I. Langford, C.H. *Symbolic Logic*, New York

[25]Lorenzen, P. *Einführung in die operative Logik und Mathematik*, Berlin/Göttingen/Heidelberg

[26]Lorenzen, P. *Formale Logik*, Berlin, 1958

[27] Lorenzen, P. *Metamathematik*, Mannheim, 1962

[28] Whitehead, A.N., Russell, B., *Principia Mathematica*, Bd I, Cambridge, 1910, 2ème edition 1925

[83] APPENDICE 1
Correspondance entre le calcul K_s et le système d'Aristote.

	chez Aristote	Dans K_s
1	ἄνθρωπος, ζῷον, λευκός	𝔄, 𝔅, ℭ,...
2	Α, Β, Γ...	A, B, C,...
3	τὸ Α παντὶ τῷ Β ὑπάρχει	AaB
4	τὸ Α μηδενὶ τῷ Β ὑπάρχει	AeB
5	τὸ Α τινὶ τῷ Β ὑπάρχει	AiB
6	τὸ Α τινὶ τῷ Β μὴ ὑπάρχει	AoB
7	καί	,
8	εἰ - ἀνάγκη	→

Tableau 1 : correspondance établie par définition.

	chez Aristote	Dans K_s
1	πρότασις	point de départ, prémisse
2	συλλογισμός	règle
3	ἀντιστροφή	R_1
4	τέλειος συλλογισμός	R_2, R_3, R_5, R_6
5	τὸ ἀδύνατον	∧
6	συλλογισμὸς διὰ τοῦ ἀδυνάτου	$R_{4,1-4}$
7	ἀτελὴς συλλογισμός	règle admissible
8	τελιοῦσθαι, περαίνεσθαι et expressions synonymes	éliminer
9	ἀνάγκη	⊢
10	ὑπόθεσις	point de départ ajouté

Tableau 2 : correspondance établie par isomorphie.

[84] APPENDICE 2
Comparaison des deux modèles formels selon leur symbolisme

Le modèle de Łukasiewicz
(Système servant à la dérivation des expressions assertée)
Termes[84] *fondamentaux* : les constantes *a* et *i*.
Définitions pour les constantes *e* et *o* :
    (D_1) $AeB \rightleftharpoons \neg AiB$
    (D_2) $AoB \rightleftharpoons \neg AaB$
Une règle stipule que les expressions ainsi définies doivent être remplacées les unes par les autres.
Axiomes :
    (A_1) AaA
    (A_2) AiA
    (A_3) $AaB \wedge BaC \rightarrow AaC$ (barbara)
    (A_4) $AaB \wedge CiB \rightarrow AiC$ (datisi)
Théorèmes de la logique des propositions (à l'exception de 14), présentés afin de raccourcir les preuves. En principe, les axiomes de la logique des propositions suffisent.

I. $p \overset{.}{\rightarrow} q \rightarrow p$
II. $q \rightarrow r \overset{..}{\rightarrow} p \rightarrow q \overset{.}{\rightarrow} p \rightarrow r$
III. $p \overset{.}{\rightarrow} q \rightarrow r \overset{..}{\rightarrow} q \overset{.}{\rightarrow} p \rightarrow r$
IV. $p \overset{.}{\rightarrow} \neg p \rightarrow q$
V. $\neg p \rightarrow p \overset{.}{\rightarrow} p$
VI. $p \rightarrow q \overset{.}{\rightarrow} \neg q \rightarrow \neg p$
VII. $p \wedge q \rightarrow r \overset{..}{\rightarrow} p \overset{.}{\rightarrow} q \rightarrow r$
VIII. $p \overset{..}{\rightarrow} p \wedge q \rightarrow r \overset{.}{\rightarrow} q \rightarrow r$
IX. $s \rightarrow p \overset{..}{\rightarrow} p \wedge q \rightarrow r \overset{.}{\rightarrow} s \wedge q \rightarrow r$
X. $p \wedge q \rightarrow r \overset{..}{\rightarrow} s \rightarrow q \overset{.}{\rightarrow} p \wedge s \rightarrow r$
XI. $r \rightarrow s \overset{..}{\rightarrow} p \wedge q \rightarrow r \overset{.}{\rightarrow} q \wedge p \rightarrow s$
XII. $p \wedge q \rightarrow r \overset{.}{\rightarrow} p \wedge \neg r \rightarrow \neg q$
XIII. $p \wedge q \rightarrow r \overset{.}{\rightarrow} \neg r \wedge q \rightarrow \neg p$
XIV. $p \wedge \neg q \rightarrow \neg r \overset{.}{\rightarrow} p \wedge r \rightarrow q$

---

[84] L'expression « terme » est ici un concept de la logique moderne (voir Bocheński-Menne [22], p. 37) et non pas une traduction de « horos ».

Axiomes du calcul des propositions :
    $(T_1)\ p \to q \overset{.}{\to} q \to r \overset{.}{\to} p \to r$
    $(T_2)\ \neg p \to p \overset{.}{\to} p$ (V)
    $(T_3)\ p \overset{.}{\to} \neg p \to q$ (IV)

Règles de dérivation : 1. Règle de substitution
                      2. Règle de séparation.

Théorèmes démontrés : 3 règles d'inversion, 2 règles de subalternation, l'ensemble des syllogismes aristotéliciens à l'exception de barbara, datisi et les modes subalternes.

[85] Le calcul K_s
    Atomes :
    a, e, i, o ;
    𝔄, 𝔅, ℭ, …
    ∧

Calcul auxiliaire K^*_s (en vue de la dérivation des points de depart)
    $(D^*_1)\ AaB$
    $(D^*_2)\ CeD$
    $(D^*_3)\ EiF$
    $(D^*_4)\ GoH$

Règles :
    (R_1) $AeB \to BeA$
    (R_2) $AaB, BaC \to AaC$ (barbara)
    (R_3) $AeB, BaC \to AeC$ (celarent)
    (D_1) $AaB, AoB \to \wedge$
    (D_2) $AeB, AiB \to \wedge$
    (D_3) $AaB, AeB \to \wedge$
    $(R_{4,1})$ $AaB \to \wedge \overset{.}{\to} AoB$
    $(R_{4,2})$ $AeB \to \wedge \overset{.}{\to} AiB$
    $(R_{4,3})$ $AiB \to \wedge \overset{.}{\to} AeB$
    $(R_{4,4})$ $AoB \to \wedge \overset{.}{\to} AaB$

Règles admissibles : 2 règles d'inversion supplémentaires, 2 règles de subalternation, l'ensemble des syllogismes aristotéliciens, y compris les modes de subalternation.

Métarègles universellement admissibles
(prouvées par la méthode d'élimination) :

$(MR_1) \quad p \to q \stackrel{.}{\wedge} q \wedge r \to s \stackrel{.}{\to} p \wedge r \to s$

(cesare [II], festino [II], darapti [III], felapton [III], datisi [III], ferison [III])

$(MR_2) \, p \to q \stackrel{.}{\wedge} q \wedge r \to s \stackrel{.}{\wedge} t \to t \stackrel{.}{\to} p \wedge r \to t$

(camestres [II] et disamis [III])

$(MR_3) \, p \to q \stackrel{.}{\wedge} r \to s \stackrel{.}{\wedge} q \wedge s \to t \stackrel{.}{\to} p \wedge r \to t$

(fesapo [IV] et frerison [IV])

$(MR_4) \, p \wedge q \to r \stackrel{..}{\wedge} p \to r \wedge s \stackrel{.}{\to} t \stackrel{..}{\to} q \wedge s \to t$

(baroco [II], bocardo [III], darii, par camestres, ferio par cesare).

Définition de la négation

Forme 1 : $\neg p \rightleftharpoons p \to \wedge$

Forme 2 : $\begin{cases} \neg AaB \rightleftharpoons AoB \\ \neg AeB \rightleftharpoons AiB \\ \neg AiB \rightleftharpoons AeB \\ \neg AoB \rightleftharpoons AaB \end{cases}$

Métarègle MR_4 avec utilisation de la négation et du tertium non datur :

$\neg r \wedge p \to \neg q \stackrel{.}{\to} p \wedge q \to r$

www.ingramcontent.com/pod-product-compliance
Lightning Source LLC
Chambersburg PA
CBHW070504100426
42743CB00010B/1750